Beck/Wachtler

Beschaffungsprozesse

Trainingsmodul Beschaffungsprozesse für Industriekaufleute

Industrielle Geschäftsprozesse (GP 2)

Von
Dipl.-Hdl. Karsten Beck und
Dipl.-Hdl. Michael Wachtler

3., aktualisierte Auflage

ISBN 978-3-470-**59183**-4 · 3., aktualisierte Auflage 2022

Kiehl ist eine Marke des NWB Verlags

Satz: Ansichtssachen, Egelsbach
Druck: Elanders GmbH, Waiblingen

Vorwort

Die Trainingsmodule ermöglichen angehenden Industriekaufleuten ein individuelles Lernen in unterschiedlichen Fachgebieten. Sie enthalten zu jedem Thema das für die Prüfung notwendige Wissen, zeigen Lösungswege für prüfungstypische Aufgabenstellungen auf und ermöglichen zu jeder Zeit der Ausbildung ein persönliches Wissenstraining mit Aufgaben unterschiedlicher Schwierigkeitsstufen.

- Im **Wissensteil** finden Sie die Inhalte, die für die Prüfung wichtig sind.
- Im **Lernteil** erfahren Sie, wie Sie an Aufgabenstellungen herangehen und
- im **Trainingsteil** können Sie üben und Ihren Wissensstand jederzeit kontrollieren.

Beachten Sie dazu bitte auch den **Benutzerhinweis** auf Seite 6.

Im Rahmen des Prüfungsfachs „Industrielle Geschäftsprozesse“ beschäftigt sich dieser Band speziell mit dem Lernfeld „Beschaffungsprozesse“. Wichtige Themen sind dabei Beschaffungsziele und Beschaffungsorganisation, Materialdisposition, Einkaufsprozesse sowie Lagerhaltung und Bestandsmanagement.

Wir wünschen Ihnen eine erfolgreiche Ausbildung und freuen uns auf ein Feedback.

Erlangen, im Dezember 2021
Karsten Beck
Michael Wachtler

Benutzerhinweis

Der Aufbau der Trainingsmodule

Die Trainingsmodule für Industriekaufleute folgen einem modernen Lernkonzept. Durch die Zerlegung des gesamten Stoffs der dreijährigen Ausbildung in einzelne Module können sich Auszubildende individuell vorbereiten und ihr eigenes Lernprogramm zusammenstellen. Für jedes Prüfungsfach gibt es mehrere Module zu unterschiedlichen Themen. Jeder Band enthält einen Wissensteil, einen Lernteil und einen Trainingsteil.

WISSEN

Der Wissensteil zeigt, was zum jeweiligen Thema gehört, strukturiert den Stoff und enthält in kompakter und übersichtlicher Form nur die Lerninformationen, die der Leser für die Prüfung braucht.

LERNEN

Im Lernteil erfährt der Leser, wie er aus dem Labyrinth möglicher Aufgabenstellungen herausfindet, worauf er achten muss, wie er beim jeweiligen Thema an Aufgaben und Fälle herangeht und wo mögliche Stolpersteine liegen können.

TRAINIEREN

Der Trainingsteil enthält Fragen, Aufgaben und Fälle auf unterschiedlichen Niveaustufen und in unterschiedlicher Methodik, z. B. offene Wissensfragen, Multiple-Choice-Aufgaben, Zuordnungsaufgaben, Rechenbeispiele, Situationsaufgaben und komplexe Fälle einschließlich deren Lösung.

Die Symbole

Die folgenden Symbole erleichtern Ihnen die Arbeit mit diesem Buch.

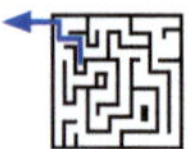

LABYRINTH

Dieses Symbol führt Sie zu den Antworten auf die zentralen Fragen eines Themas oder einer Aufgabenstellung.

MERKE

Die Hand macht auf wichtige Merksätze oder Definitionen aufmerksam.

STOLPERSTEIN

Immer wenn das Ausrufezeichen auftaucht, ist Vorsicht geboten. Es zeigt typische Stolpersteine oder Fehler, die Prüflinge immer wieder begehen.

TIPP

Hier finden Sie nützliche Zusatzinformationen und Hinweise.

INHALT

SEITE

Industrielle Geschäftsprozesse

Modul 2 Beschaffungsprozesse

I. Beschaffungsziele und Beschaffungsorganisation

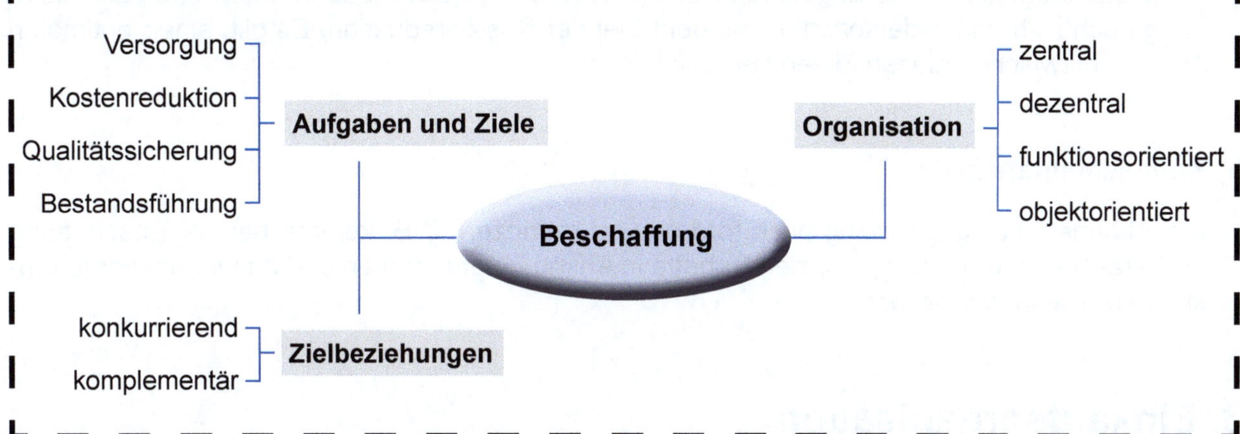

Was muss ich für die Prüfung wissen?

Die Beschaffung im weiteren Sinne beschäftigt sich mit der Bereitstellung aller betrieblichen Leistungsfaktoren (Personal, Betriebsmittel, Material). Der Begriff Materialwirtschaft bezieht sich im Folgenden auf den Einkauf von Roh-, Hilfs- und Betriebsstoffen und Fremdbauteilen.

1. Beschaffungsziele

Das Beschaffungsmanagement hat im Rahmen übergeordneter Unternehmensziele die folgenden Aufgaben und Ziele:

Oberziele	Abgeleitete Unterziele
Versorgung der Produktion mit Material	Rechtzeitige Bestellung Terminüberwachung Beschaffung ausreichender Mengen
Sicherung der Qualität	Auswahl geeigneter Lieferanten Wareneingangskontrollen durchführen
Lager- und Bestandsmanagement	Lagerorganisation Bestandsführung
Kostenreduktion	Minimierung der Lagerhaltungs- und Bestellkosten Erzielen günstiger Einstandspreise Vermeidung von Abfall Beschaffungscontrolling durchführen Geringe Kapitalbindung

2. Zielbeziehungen

a) Konkurrierende Ziele

Bei der Umsetzung der Ziele kann es zu Zielkonflikten kommen. Z. B. kommt es dem Versorgungsziel entgegen, hohe Lagerbestände zu führen. Dies zieht jedoch eine hohe Kapitalbindung nach sich und widerspricht somit dem Ziel der Kostenreduktion. Es gilt, einen optimalen Ausgleich zwischen diesen Zielen herzustellen.

b) Komplementäre Ziele

Ziele können sich gegenseitig auch fördern und ergänzen. Z. B. können bei der Beschaffung größerer Mengen (Versorgungsziel) Rabatte in Anspruch genommen und damit günstigere Einstandspreise erzielt werden.

3. Einkaufsorganisation

Die Organisation des Einkaufes und der betriebliche Beschaffungsprozess (Beschaffungsplanung, Beschaffungsdurchführung, Lagerhaltung und Beschaffungscontrolling) sind an den Grundsatz der Wirtschaftlichkeit gebunden.

Im Rahmen der Aufbauorganisation des Unternehmens können folgende grundlegende Organisationsprinzipien des Einkaufs Anwendung finden:

a) Externe Einkaufsorganisation

Die externe Organisation des Einkaufs beschäftigt sich mit der Frage, ob sich nur eine Einkaufsabteilung zentral mit der gesamten Beschaffung für das Unternehmen befasst, oder ob mehrere dezentrale Einkaufsabteilungen existieren, die nur den Bedarf der jeweiligen Verbrauchsstellen decken.

Zentrale Organisation:

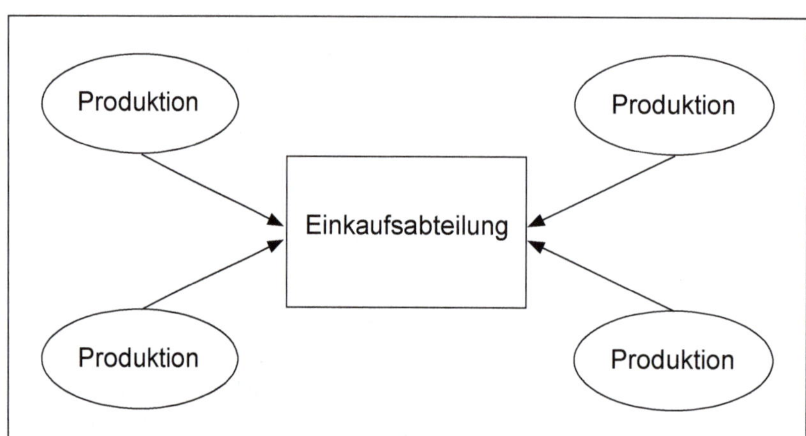

Dezentrale Organisation:

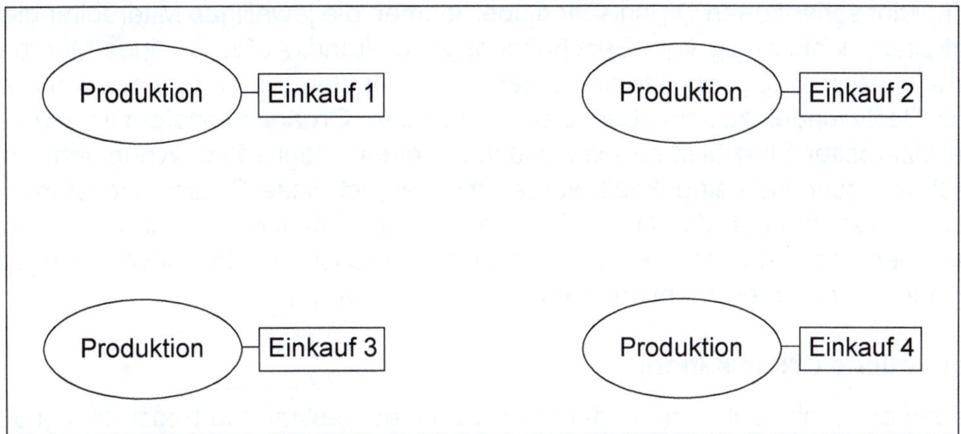

Vorteile der zentralen Beschaffung:

Die zentrale Beschaffung bringt etliche Vorteile für den Betrieb mit sich: Da nur von einer Stelle eingekauft wird, können größere Mengen bestellt bzw. verschiedene Bestellungen zusammengefasst werden. Dadurch können günstigere Preise (z. B. durch Mengenrabatte) und bessere Lieferbedingungen erzielt werden. Ein weiterer wichtiger Kostenvorteil entsteht durch den geringeren Personalbedarf.

Die zentrale Organisation führt zu einer besseren Koordination der Einkaufsabwicklung und zu einheitlichen Entscheidungen hinsichtlich der Festlegung von Beschaffungsstrategien (z. B. grundlegende Entscheidungen bezüglich der Qualitätsstandards, der Lagerhaltung usw.). Eine zentrale Einkaufsstelle hat auch eine bessere Übersicht über den Beschaffungsmarkt, da nicht davon auszugehen ist, dass bei einer dezentralen Organisation jede Einkaufsabteilung die Möglichkeit hat, umfassende Beschaffungsmarktforschung zu betreiben.

Nachteile der zentralen Beschaffung:

Ein Nachteil der zentralen Beschaffung besteht in der Tatsache, dass der unmittelbare Kontakt zu den Bedarfsstellen im Betrieb verloren geht. Dementsprechend werden Informationswege länger, Entscheidungen und flexible Anpassungen nehmen mehr Zeit in Anspruch. Diese Nachteile spielen jedoch durch moderne Softwarelösungen (ERP) nur noch eine untergeordnete Rolle.

Vorteile der dezentralen Beschaffung:

Die Vorteile der dezentralen Organisation entsprechen weitgehend den Nachteilen der zentralen Organisation: Sie liegen in der schnellen, flexiblen Abwicklung des Einkaufs und dem besseren Kontakt zu den Bedarfsstellen.

Nachteile der dezentralen Beschaffung:

Die Nachteile der dezentralen Organisation lassen sich aus den Vorteilen der zentralen Organisation ableiten: Der Hauptnachteil der dezentralen Organisation besteht also in den höheren Kosten (ungünstige Preise und hohe Personalkosten).

b) Interne Einkaufsorganisation

Bei der internen Organisation wird die Frage betrachtet, wie die Arbeitsprozesse innerhalb der Einkaufsabteilung organisiert werden. Zu unterscheiden sind hier die funktionsorientierte (= Verrichtungsprinzip) und die objektorientierte Organisation.

Funktionsorientierte Organisation:

Bei der funktionsorientierten Organisation übernehmen die jeweiligen Mitarbeiter gleichbleibende Tätigkeiten, unabhängig vom Beschaffungsgegenstand. Aufgabe eines Mitarbeiters ist es z. B., für alle Beschaffungsobjekte die Angebote einzuholen; Aufgabe eines weiteren Mitarbeiters ist es, Bestellungen zu schreiben. Der Vorteil dieser Organisationsform liegt darin, dass der jeweilige Mitarbeiter Spezialist für die Ausübung seiner Tätigkeit ist. Wenn sehr unterschiedliche Beschaffungsobjekte eingekauft werden müssen, ist diese Organisationsform jedoch problematisch. Zwar ist jeder Mitarbeiter Experte für seine Tätigkeit, jedoch kann er bei sehr unterschiedlichen Beschaffungsobjekten nicht auch Spezialist für jeden Beschaffungsgegenstand sein. Hierfür ist eine objektorientierte Organisation von Vorteil.

Objektorientierte Organisation:

Ein Mitarbeiter beschäftigt sich mit dem Einkauf eines bestimmten Beschaffungsobjektes und führt alle dazu notwendigen Tätigkeiten aus. Dadurch ist er Spezialist für dieses Beschaffungsobjekt. Als weitere Organisationskriterien können auch verschiedene Lieferanten oder räumliche Beschaffungsmärkte herangezogen werden.

Beispiel zur funktionsorientierten Organisation

Mitarbeiter 1	Mitarbeiter 2	Mitarbeiter 3
Angebote einholen und vergleichen für: ► Metalle ► Kunststoffe ► Elektrobauteile	Bestellungen schreiben für: ► Metalle ► Kunststoffe ► Elektrobauteile	Terminüberwachung für: ► Metalle ► Kunststoffe ► Elektrobauteile

Beispiel zur objektorientierten Organisation

Mitarbeiter 1	Mitarbeiter 2	Mitarbeiter 3
Zuständig für Metalle: ► Angebote einholen und vergleichen ► Bestellungen schreiben ► Terminüberwachung	Zuständig für Kunststoffe: ► Angebote einholen und vergleichen ► Bestellungen schreiben ► Terminüberwachung	Zuständig für Elektrobauteile: ► Angebote einholen und vergleichen ► Bestellungen schreiben ► Terminüberwachung

Was erwartet mich in der Prüfung?

Prüfungsfragen zu Zielen und Organisationsmöglichkeiten des Einkaufs lassen sich sehr gut im Zusammenhang mit dem „weiteren Rahmen“ der Unternehmensziele und der Betriebsorganisation stellen.

Machen Sie sich zunächst mit der allgemeinen Betriebsorganisation und deren Darstellung durch Organigramme vertraut.

1. Das Lernlabyrinth

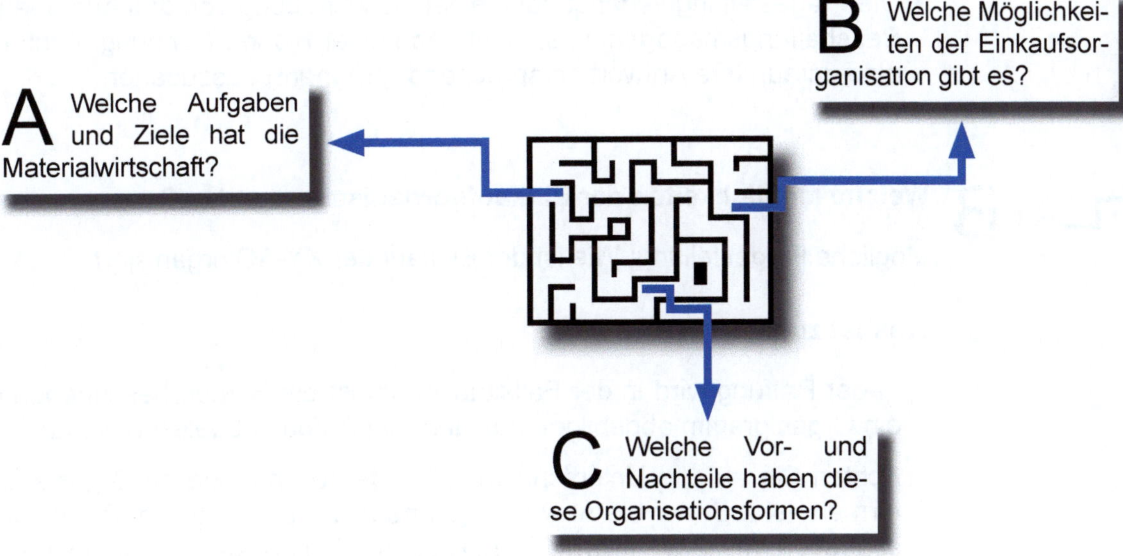

2. Wege aus dem Labyrinth

A **Welche Aufgaben und Ziele hat die Materialwirtschaft?**

Mögliche Aufgabenstellung:
Beschreiben Sie drei Aufgaben des Beschaffungsmanagements.

Die Fragestellung bezieht sich meist auf eine Ausgangssituation, die einen Hinweis auf die Antwort geben kann. In dieser Ausgangssituation wird ein konkretes Unternehmen dargestellt und Sie haben Lösungsmöglichkeiten für bestimmte Probleme zu erläutern. Das Unternehmen kann z. B. unter besonderem Kostendruck stehen oder zu hohe oder zu geringe Bestände führen. Sie müssten in diesem Fall besonders darauf eingehen, wie die Materialwirtschaft dazu beitragen kann, diese Probleme zu lösen.

Möglicherweise sind in der Ausgangssituation bereits allgemeine Unternehmensziele beschrieben (z. B. Qualitätsbewusstsein, Liefertreue, Kostenziele), die Sie in Ihrer Antwort aufgreifen können.

Was ist zu beachten?

- Achten Sie darauf, dass Sie in Ihrer Antwort drei *unterschiedliche* Kriterien ansprechen. Man könnte leicht drei Aufgaben des Beschaffungsmanagements nennen, die aber immer den gleichen Aspekt ansprechen, z. B.:

  1. Günstige Einkaufspreise
  2. Erzielen von Mengenrabatten
  3. Geringe Lagerkosten verursachen

  Es werden zwar drei Punkte genannt, aber es wird immer der Kostenaspekt angesprochen. Besser ist es, verschiedene Aspekte in der Antwort anzusprechen:

  1. Versorgung gewährleisten
  2. Materialqualität sichern
  3. Kosten senken

- Die Fragestellung verlangt nach einer Beschreibung von drei Aufgaben des Beschaffungsmanagements, nicht nach einer bloßen Nennung. Achten Sie also darauf, Ihre Antwort entsprechend (prägnant) auszubauen.

B Welche Möglichkeiten der Einkaufsorganisation gibt es?

Mögliche Fragestellung: Wie ist der Einkauf der XY-AG organisiert?

Was ist zu beachten?

- In der Prüfung wird in der Fallsituation meist ein Betrieb beschrieben oder ein Organigramm abgebildet, aus dem der Aufbau abgelesen werden kann.

  Achten Sie auf die Unterscheidung in interne und externe Organisationsformen. Ist z. B. nur die Abwicklung innerhalb der Einkaufsorganisation beschrieben, muss die interne Organisation erläutert werden. Die externe Organisation ist nur durch die Darstellung der Einkaufsorganisation in Bezug zum gesamten Betrieb sinnvoll.

C Welche Vor- und Nachteile haben diese Organisationsformen?

Diese Frage erscheint meist in Verbindung mit der Fragestellung aus Punkt B.

Was ist zu beachten?

- Es gilt zunächst die Organisationsform zu erkennen und dann entsprechende Vor- und Nachteile zu erläutern.

So trainiere ich für die Prüfung

Aufgaben

1. Wissensfragen

1.1 Lernfragen

1. Mit welchen Hauptaufgaben beschäftigt sich die Materialwirtschaft?
2. Bei welchen Zielen handelt es sich um konkurrierende Ziele?
3. Welche konkreten Maßnahmen können ergriffen werden, um die Ziele zu erreichen?
4. Worin unterscheiden sich interne und externe Einkaufsorganisation?
5. Welche Möglichkeiten der externen Einkaufsorganisation gibt es?
6. Welche Möglichkeiten der internen Einkaufsorganisation gibt es?
7. Welche Vorteile hat der Einkauf durch *eine* Einkaufsabteilung?
8. Was versteht man unter einer funktionsorientierten Einkaufsorganisation?
9. Welchen Hauptnachteil hat die funktionsorientierte Einkaufsorganisation?
10. Wann ist eine objektorientierte Einkaufsorganisation sinnvoll?

1.2 Konkurrierende oder komplementäre Ziele?

Geben Sie an, ob die folgenden Sachverhalte zu konkurrierenden oder zu komplementären Zielbeziehungen führen:

Sachverhalt	Konkurrierend oder komplementär? (Begründung)
1. Geringe Lagerbestände ► günstige Einstandspreise	
2. Geringe Kapitalbindung ► jederzeitige Materialversorgung	
3. Hohe Materialqualität ► jederzeitige Materialversorgung	
4. Fertigungssynchrone Beschaffung ► geringe Kapitalbindung	
5. Hohe Materialqualität ► geringe Abfallkosten	

1.3 Richtig oder falsch?

Aussage	Richtig oder falsch?
1. Die dezentrale Einkaufsorganisation führt zu geringeren Kapitalbindungskosten.	
2. Der zentrale Einkauf erfolgt immer nach dem Funktionsprinzip.	
3. Der dezentrale Einkauf erzeugt i. d. R. höhere Personalkosten.	
4. Der dezentrale Einkauf erfolgt immer nach dem Funktionsprinzip.	
5. Eine Aufgabe der Beschaffung ist es, den mengenmäßigen Bedarf an Materialien zu ermitteln.	
6. Beim zentralen Einkauf gibt es nur einen Einkäufer.	
7. Die externe Organisation richtet sich nach den Tätigkeiten der Mitarbeiter.	

1.4 Mehrfachauswahl

1. Welche Aussage zu nachfolgendem Schaubild „Organisation des Einkaufs“ ist richtig?

a) Es wird die äußere Organisationsform „zentraler Einkauf“ dargestellt.

b) Es wird die innere Organisationsform des Einkaufs nach dem Funktionsprinzip dargestellt.

c) Es wird die innere Organisationsform des Einkaufs nach dem Objektprinzip dargestellt.

d) Es wird eine Kombination der inneren Organisation nach Objekt- und Funktionsprinzip dargestellt.

e) Es wird die äußere Organisationsform nach Objekt- und Funktionsprinzip dargestellt.

f) Es wird die äußere Organisationsform „dezentraler Einkauf“ dargestellt.

Schaubild:

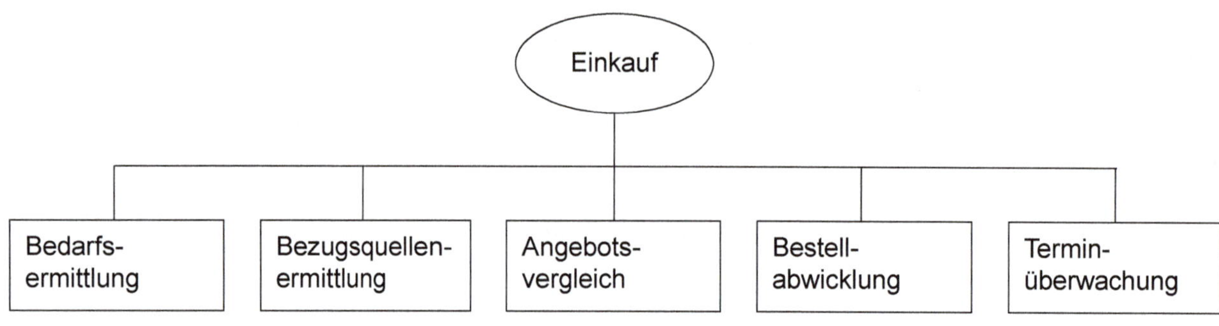

2. Welcher Sachverhalt ist bei der Frage, ob die Beschaffung der Rohstoffe zentral oder dezentral organisiert sein soll, von Bedeutung?

a) Der Erfüllungsort der Warenschuld

b) Die Höhe der Zinskosten im Lager für fertige Erzeugnisse

c) Das Verhältnis von Einkaufsmenge und Einkaufspreis

d) Die Höhe des Preisnachlasses für sofortige Zahlung

e) Der Ort des Gefahrenübergangs beim Bezug von Rohstoffen.

3. Welche der folgenden Aussagen sind als Vorteil des zentralen Einkaufs zu betrachten?
   a) Der Kontakt zu den betrieblichen Verbrauchsstellen nimmt mehr Zeit in Anspruch.
   b) Es besteht eine enge Verbindung zwischen Verbrauchsstellen und Lieferanten.
   c) Festgelegte Einkaufsstrategien werden einheitlich umgesetzt.
   d) Es ist mehr Personal erforderlich.
   e) Durch größere Einkaufsmengen werden Kostenvorteile erzielt.

2. Fallsituation

Die neue Geschäftsleitung einer Möbelfabrik hat beschlossen, die Einkaufsabteilung neu zu strukturieren. Bislang waren die Aufgabenverteilung und die Zuständigkeit der drei Mitarbeiter nicht geklärt. Nachdem ein Mitarbeiter einen Beschaffungsvorgang abgeschlossen hatte, wurde die nächstfolgende Beschaffungsmaßnahme von ihm bearbeitet und durchgeführt. Die Geschäftsleitung hält diese Vorgehensweise für ineffizient und wünscht eine Neuregelung.

a) Erläutern Sie Gründe für die Notwendigkeit einer Neuregelung.

b) Entwickeln Sie eine mögliche Einkaufsorganisation nach dem Objektprinzip und stellen Sie diese als Organigramm dar.

c) Erläutern Sie mögliche Vorteile gegenüber einer funktionsorientierten Organisation.

Lösungen

1. Wissensfragen

1.1 Lernfragen

1. Versorgung, Qualitätssicherung, Lager- und Bestandsmanagement, Kostenreduzierung

2. Versorgungsziele – Kostenziele; Qualitätsziele – Kostenziele

3. Bestellung in ausreichender Menge, Wareneingangskontrollen, keine unnötigen Lagerbestände, Ausnutzen von Mengenrabatt und Skonto, ...

4. Die interne Organisation bezieht sich auf die Prozesse innerhalb der Einkaufsabteilung, die externe Organisation auf die Anzahl der Einkaufsabteilungen und deren Bezug zur Verbrauchsstelle.

5. Zentraler oder dezentraler Einkauf

6. Funktions- oder objektorientiert

7. Es können größere Mengen bestellt und damit Preisvorteile erzielt werden, die Umsetzung einer einheitlichen Einkaufsstrategie ist gewährleistet.

8. Ein Mitarbeiter spezialisiert sich auf eine bestimmte Tätigkeit im Rahmen des Einkaufs und führt diese Tätigkeit für alle Beschaffungsobjekte aus.

9. Der Mitarbeiter kann nicht Fachmann für jeden Beschaffungsgegenstand sein; er kann sich nicht auf den jeweiligen Beschaffungsmarkt spezialisieren.

10. Wenn die Beschaffungsobjekte sehr unterschiedlich und komplex sind und spezielles Fachwissen erfordern.

1.2 Konkurrierende oder komplementäre Ziele?

Sachverhalt	Konkurrierend oder komplementär? (Begründung)
1. Geringe Lagerbestände ► günstige Einstandspreise	**Konkurrierend** (günstigere Einstandspreise bei Abnahme größerer Mengen)
2. Geringe Kapitalbindung ► jederzeitige Materialversorgung	**Konkurrierend** (geringe Kapitalbindung erfordert geringe Bestände, dies gefährdet die Versorgung)
3. Hohe Materialqualität ► jederzeitige Materialversorgung	**Komplementär** (defektes oder minderwertiges Material kann nicht in der Produktion eingesetzt werden)
4. Fertigungssynchrone Beschaffung ► geringe Kapitalbindung	**Komplementär** (gehen die Materialien sofort in die Produktion ein, müssen sie nicht als Bestand gelagert werden)
5. Hohe Materialqualität ► geringe Abfallkosten	**Komplementär** (Material mit hoher Qualität führt zu weniger Ausschuss)

1.3 Richtig oder falsch?

1. falsch ⇒ Der Bezug von der Einkaufsorganisation auf die Kapitalbindung ist problematisch. Es kann argumentiert werden, dass bei einem dezentralen Einkauf ungünstigere Einkaufspreise anzunehmen sind. Dadurch steigt die Kapitalbindung. Die Vorstellung, dass beim dezentralen Einkauf eine geringere Menge eingekauft wird und damit die Kapitalbindung niedriger ist, ist falsch. Man muss bedenken, dass mehrere Einkaufsabteilungen in Summe mindestens genauso viel beschaffen wie eine zentrale Einkaufsabteilung.

2. falsch ⇒ Der zentrale Einkauf bezieht sich auf die externe Organisation und damit auf die Eingliederung der Einkaufsabteilung im Unternehmen. Das Funktionsprinzip bezieht sich auf die interne Organisation und ist unabhängig von der externen Organisation zu betrachten. Ein zentraler Einkauf kann also sowohl funktions- als auch objektorientiert sein.

3. richtig ⇒ Für mehrere dezentrale Abteilungen wird i. d. R. mehr Personal benötigt als für eine zentrale Abteilung.

4. falsch ⇒ Siehe Erklärung bei 2.

5. richtig

6. falsch ⇒ Es gibt nur eine zentrale Abteilung; über die Anzahl der Stellen wird damit nichts ausgesagt.

7. falsch ⇒ Siehe Erklärung bei 2.

1.4 Mehrfachauswahl

Lösung:

1. b
Da in dem Schaubild lediglich der interne Aufbau der Einkaufsabteilung dargestellt wird, fallen alle Antworten, die sich auf die äußere Organisation beziehen, weg. Die Strukturierung erfolgt nach Tätigkeiten, nicht nach Objekten.

2. c
Bei einem zentralen Einkauf kann ein günstigerer Einkaufspreis erzielt werden. Alle anderen Antworten beziehen sich auf Sachverhalte, die unabhängig von der Einkaufsorganisation sind.

3. c, e

2. Fallsituation

B, C

a)
Da sich jeder Mitarbeiter um die Beschaffung aller notwendigen Güter kümmert, ist eine Spezialisierung nicht möglich. Da jeder Mitarbeiter einen kompletten Beschaffungsprozess durchführt, ist er mit einer Vielzahl verschiedener Tätigkeiten (z. B. Angebotsvergleich, Bestelldurchführung, Terminüberwachung) beschäftigt. Dadurch wird die Arbeit zwar abwechslungsreich, durch fehlende Routine dauern manche Arbeitsabläufe jedoch meist länger und es können leichter Fehler entstehen. Eine Möbelfabrik benötigt eine Vielzahl ganz unterschiedlicher Güter (z. B. Holz, Schaumstoffe, Textilien, Leim, Schrauben, Maschinen, Werkzeuge etc.). Diese verschiedenen Güter erfordern dementsprechend auch unterschiedliche Kenntnisse über die Materialien (z. B. welches Holz eignet sich für welche Möbel, welche Qualitätsmerkmale gibt es usw.). Auch sind die verschiedenen Beschaffungsmärkte ganz unterschiedlich strukturiert. Ohne eine Spezialisierung der einzelnen Mitarbeiter wird es kaum gelingen, optimale Einkaufsbedingungen zu erzielen.

b)
Eine Aufteilung nach verschiedenen Einkaufsgütern bietet sich an.

Ein mögliches Beispiel:

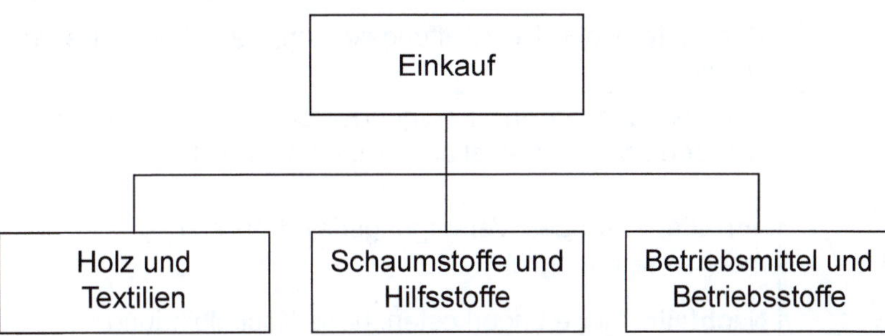

c)
Im Rahmen der Funktionsorientierung wird der Mitarbeiter Spezialist für die jeweils durchzuführende Tätigkeit. In diesem Fall ist jedoch davon auszugehen, dass keine der notwendigen Tätigkeiten (z. B. Schreiben von Anfragen und Bestellungen) spezifische Fachkenntnisse erfordert. Eine Spezialisierung auf eine einzelne Tätigkeit ist also nicht erforderlich. Da die Einkaufsgüter und die jeweiligen Beschaffungsmärkte sehr unterschiedlich sind, überwiegt hier die Notwendigkeit, dass einem Mitarbeiter bestimmte Beschaffungsobjekte zugeordnet werden und er dann Fachmann für dieses Gut ist.

II. Materialdisposition

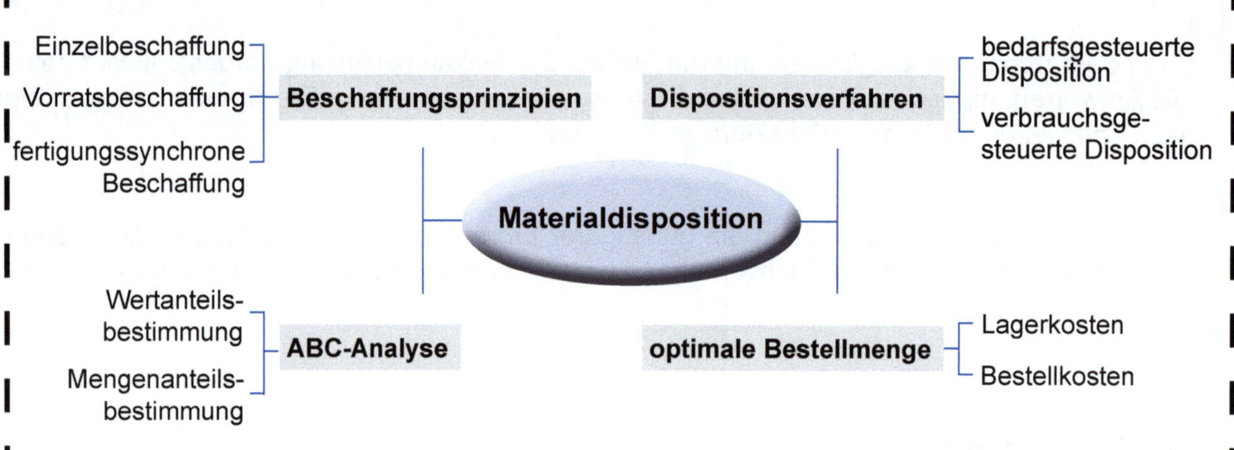

Die Disposition beschäftigt sich hauptsächlich mit den Fragen:

- Wie viel soll beschafft werden (Mengendisposition)?
- Wann soll beschafft werden (Zeitdisposition)?

Ziel und Aufgabe der Disposition ist es also, die benötigten Materialien in der benötigten Menge zur rechten Zeit am rechten Ort bereitzustellen.

Beschaffungsprinzipien

Zur Ermittlung der Beschaffungsmenge muss berücksichtigt werden, welche der grundlegenden Beschaffungsprinzipien angewandt werden. Folgende Prinzipien sind denkbar:

Einzelbeschaffung	Das Material wird fallweise für einen konkreten Auftrag beschafft. **Vorteile:** Kaum Lagerkosten; einfache Bestimmung der Bestellmenge **Nachteile:** Hohe Beschaffungskosten, da keine größeren Mengen eingekauft werden
Vorratsbeschaffung	In Anlehnung an das Fertigungsprogramm, aber unabhängig von einzelnen Aufträgen, wird Material auf Lager eingekauft. **Vorteile:** Geringes Versorgungsrisiko; Kostenvorteile durch große Einkaufsmengen sind möglich **Nachteile:** Hohe Lagerkosten; hohe Kapitalbindung
Fertigungssynchrone Beschaffung	Das Material geht unmittelbar bei Bedarf in die Fertigung ein (just in time). **Vorteil:** Keine Lagerkosten, geringe Kapitalbindung **Nachteile:** Fertigungsausfälle bei Lieferungsverzögerungen; langfristige Vertragsbindung an einen Lieferanten; aufwendige Systeme zum mengenmäßigen und zeitlichen Abgleich der Lieferungen sind nötig

1. ABC-Analyse

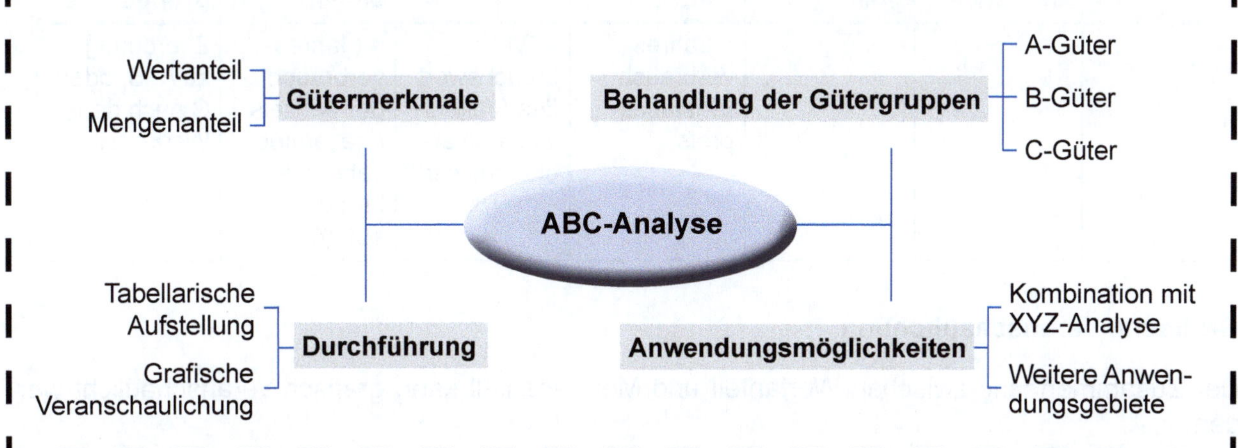

Was muss ich für die Prüfung wissen?

1. Merkmale der Gütergruppen

Bei der Vielzahl an verschiedenen Teilen und Materialien, die in einem Industriebetrieb beschafft werden, muss entschieden werden, welchen Artikeln besondere Aufmerksamkeit geschenkt werden soll. Das maßgebliche Kriterium ist dabei der Wertanteil eines Artikels am Gesamtwert aller Artikel. Es gelten ungefähr folgende Orientierungswerte:

Gütergruppe	Wertanteil	Mengenanteil
A-Güter	hoch (ca. 75 % des Gesamtwertes)	gering
B-Güter	mittel (ca. 20 % des Gesamtwertes)	mittel
C-Güter	gering (ca. 5 % des Gesamtwertes)	hoch

Eine allgemeingültige prozentuale Abgrenzung der Gütergruppen existiert nicht. Sie ergibt sich aus der speziellen Zusammensetzung der Materialien im jeweiligen Betrieb. Erfahrungsgemäß besitzen die Artikel mit einem höheren Mengenanteil einen geringeren Wertanteil (z. B. Schrauben etc.).

Das entscheidende Abgrenzungskriterium zwischen A-, B- und C-Gütern ist der Wertanteil.

2. Durchführung der ABC-Analyse

Tabellarische Aufstellung:

Ausgehend vom mengenmäßigen Verbrauch wird über den Einstandspreis der Verbrauchswert für die einzelnen Artikel ermittelt. Anschließend kann der Wertanteil sowie der Mengenanteil ausgerechnet werden. Zuletzt erfolgt die Zusammenfassung der Artikel zu Gütergruppen.

Struktur der Tabellenkalkulation:

Artikel	Jahresverbrauch	Einstandspreis	Verbrauchswert	Wertanteil	Mengenanteil	Gütergruppe
			= Jahresverbrauch · Einstandspreis	= (Verbrauchswert des Artikels / Gesamtverbrauchswert) · 100 %	= (Jahresverbrauch des Artikels / gesamter Jahresverbrauch) · 100 %	Zuordnung zu A, B, oder C nach dem Wertanteil

Grafische Veranschaulichung

Der Zusammenhang zwischen Wertanteil und Mengenanteil kann grafisch veranschaulicht werden:

ABC-Analyse (Säulendiagramm)

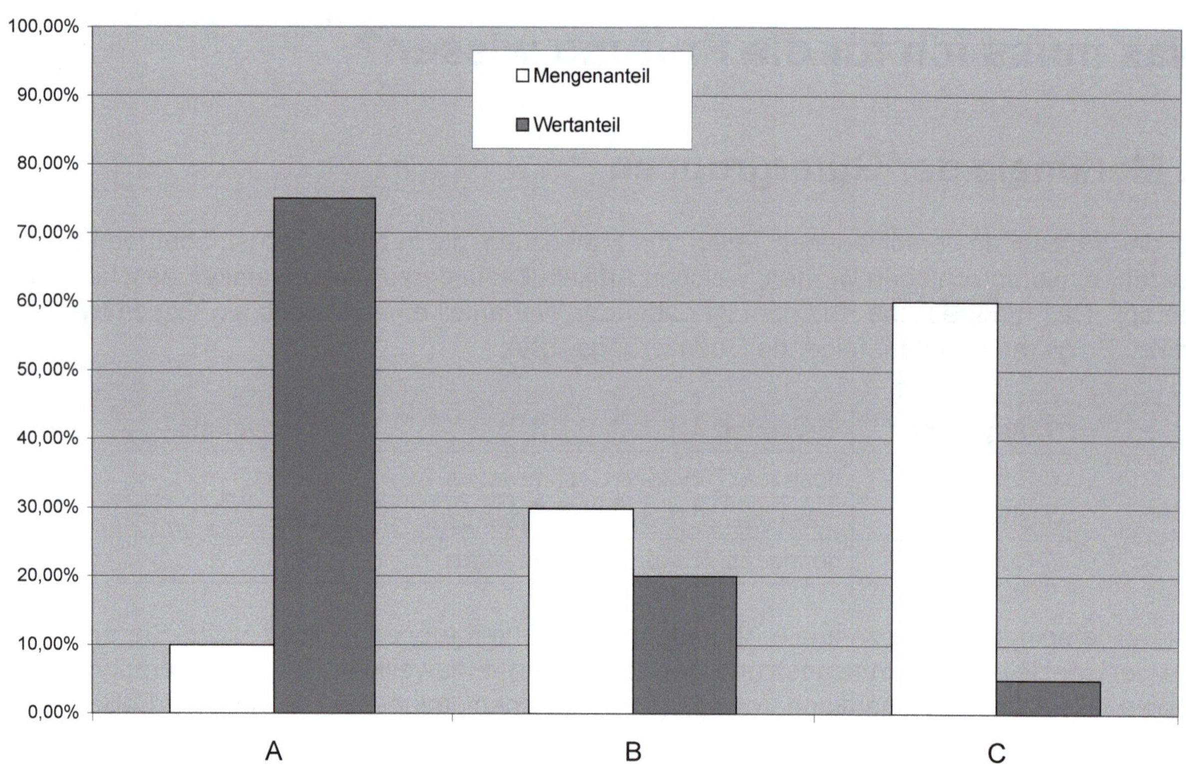

3. Behandlung der Gütergruppen

A-, B-, und C-Güter werden im Rahmen des Beschaffungsprozesses unterschiedlich behandelt:

Gütergruppe	vorrangiges Ziel der Maßnahmen im Beschaffungsbereich
A-Güter	Bestandsminimierung, Kapitalbindung senken
B-Güter	je nach Wert des Artikels Behandlung wie A- oder C-Güter
C-Güter	Versorgungssicherheit, vereinfachte Beschaffungsabwicklung

Je höher der Wertanteil, umso mehr Beachtung erhalten die betroffenen Artikel im Rahmen des Beschaffungsprozesses.

XYZ-Analyse

Neben dem Verbrauchswert sind auch noch andere Materialkriterien für den Beschaffungsprozess von Bedeutung, so z. B. der Verbrauchsverlauf und die Vorhersagegenauigkeit. Diesen Kriterien wird in der XYZ-Analyse Rechnung getragen.

Gütergruppe	Verbrauchsverlauf	Vorhersagegenauigkeit
X-Güter	konstant	hoch
Y-Güter	leicht schwankend, trendmäßig	mittel
Z-Güter	stark schwankend, unregelmäßig	niedrig

Die XYZ-Analyse lässt sich mit der ABC-Analyse kombinieren:

	A	B	C
X	AX-Güter	BX-Güter	CX-Güter
Y	AY-Güter	BY-Güter	CY-Güter
Z	AZ-Güter	BZ-Güter	CZ-Güter

Was erwartet mich in der Prüfung?

1. Das Lernlabyrinth

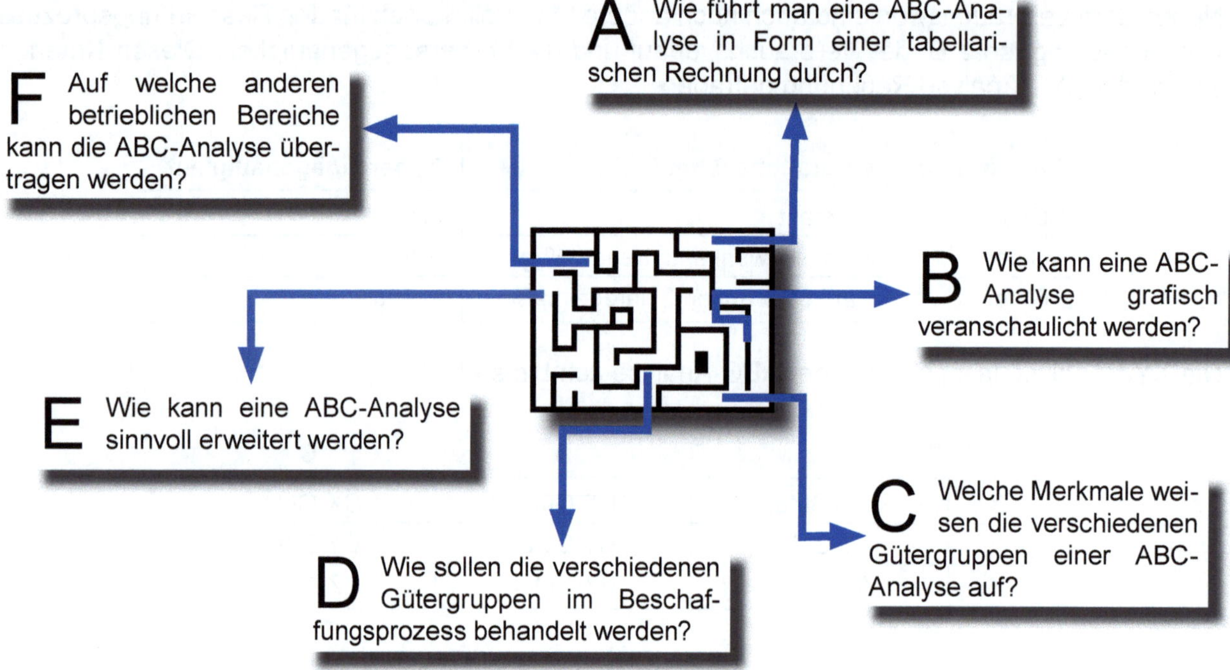

2. Wege aus dem Labyrinth

Ausgangssituation:

In einem Industriebetrieb soll eine ABC-Analyse durchgeführt werden. Für jeden Artikel sind Jahresverbrauch und Einstandspreis bekannt.

Ihre Aufgabe:

Sie sollen eine ABC-Analyse durchführen und die Ergebnisse auswerten.

Beispiel:

Artikel-Nr.	Jahresverbrauch (Stück)	Einstandspreis
200001	81.000	3,75 €
200002	162.000	2,05 €
200003	348.000	0,68 €
200004	298.000	1,04 €
200005	287.000	1,22 €
201001	425.000	0,35 €
201002	1.380.000	0,10 €
201003	1.690.000	0,07 €
201004	2.320.000	0,06 €
201005	194.000	0,62 €
201006	918.000	0,04 €
203001	71.000	29,80 €
203002	69.000	19,90 €
210001	425.000	5,10 €

A Wie führt man eine ABC-Analyse in Form einer tabellarischen Rechnung durch?

Was ist zu beachten?

- **Schritt 1:** Verbrauchswert berechnen
  Verbrauchswert = Verbrauchsmenge · Einstandspreis
- **Schritt 2:** Wertanteil ermitteln

$$\text{Wertanteil} = \frac{\text{Verbrauchswert des Artikels}}{\text{Gesamtverbrauchswert aller Artikel}} \cdot 100\ \%$$

- **Schritt 3:** Mengenanteil ermitteln

$$\text{Mengenanteil} = \frac{\text{Verbrauchsmenge des Artikels}}{\text{Gesamtverbrauchsmenge aller Artikel}} \cdot 100\ \%$$

			Schritt 1	**Schritt 2**	**Schritt 3**
Artikel-Nr.	**Jahresverbrauch (Stück)**	**Einstandspreis**	**Verbrauchswert**	**Wertanteil**	**Mengenanteil**
200001	81.000	3,75 €	303.750,00 €	3,85 %	0,93 %
200002	162.000	2,05 €	332.100,00 €	4,21 %	1,87 %
200003	348.000	0,68 €	236.640,00 €	3,00 %	4,01 %
200004	298.000	1,04 €	309.920,00 €	3,93 %	3,44 %
200005	287.000	1,22 €	350.140,00 €	4,44 %	3,31%
201001	425.000	0,35 €	148.750,00 €	1,89 %	4,90 %
201002	1.380.000	0,10 €	138.000,00 €	1,75 %	15,92 %
201003	1.690.000	0,07 €	118.300,00 €	1,50 %	19,50 %
201004	2.320.000	0,06 €	139.200,00 €	1,76 %	26,77 %
201005	194.000	0,62 €	120.280,00 €	1,52 %	2,24 %
201006	918.000	0,04 €	36.720,00 €	0,47 %	10,59 %
203001	71.000	29,80 €	2.115.800,00 €	26,82 %	0,82 %
203002	69.000	19,90 €	1.373.100,00 €	17,40 %	0,80 %
210001	425.000	5,10 €	2.167.500,00 €	27,47 %	4,90 %
Summe	8.668.000		7.890.200,00 €	100,00 %	100,00 %

- **Schritt 4:** Rangfolge bilden
  Entscheidend für die Rangfolge ist der Wertanteil. Der Artikel mit dem höchsten Wertanteil hat Rang 1. In Tabellenkalkulationsprogrammen kann hier die Sortierfunktion genutzt werden. Die Spalte „Rang“ ist durch die Sortierung dann nicht mehr zwingend erforderlich.
- **Schritt 5:** Gütergruppen bilden
  Güter werden gemäß ihrer Rangfolge zusammengefasst und ihre Wertanteile schrittweise aufaddiert (kumuliert).

  Orientierungshilfe: Summe A-Güter ca. 75 %, Summe B-Güter ca. 20 %, Summe C-Güter ca. 5 %

Artikel-Nr.	Jahres-verbrauch (Stück)	Ein-stands-preis	Verbrauchs-wert	Wert-anteil	Mengen-anteil	Schritt 4 Rang	Schritt 5 Güter-gruppe
210001	425.000	5,10 €	2.167.500,00 €	27,47 %	4,90 %	1	A
203001	71.000	29,80 €	2.115.800,00 €	26,82 %	0,82 %	2	A
203002	69.000	19,90 €	1.373.100,00 €	17,40 %	0,80 %	3	A
200005	287.000	1,22 €	350.140,00 €	4,44 %	3,31 %	4	B
200002	162.000	2,05 €	332.100,00 €	4,21 %	1,87 %	5	B
200004	298.000	1,04 €	309.920,00 €	3,93 %	3,44 %	6	B
200001	81.000	3,75 €	303.750,00 €	3,85 %	0,93 %	7	B
200003	348.000	0,68 €	236.640,00 €	3,00 %	4,01 %	8	B
201001	425.000	0,35 €	148.750,00 €	1,89 %	4,90 %	9	C
201004	2.320.000	0,06 €	139.200,00 €	1,76 %	26,77 %	10	C
201002	1.380.000	0,10 €	138.000,00 €	1,75 %	15,92 %	11	C
201005	194.000	0,62 €	120.280,00 €	1,52 %	2,24 %	12	C
201003	1.690.000	0,07 €	118.300,00 €	1,50 %	19,50 %	13	C
201007	918.000	0,04 €	36.720,00 €	0,47 %	10,59 %	14	C
Summe	8.668.000		7.890.200,00 €	100,00 %	100,00 %		

Ergebnis:

Gütergruppe	Mengenanteil	Wertanteil
A	6,52 %	71,69 %
B	13,57 %	19,42 %
C	79,91 %	8,89 %

- In der Regel werden die Orientierungswerte (z. B. 75 % für A-Güter) nicht exakt erreicht.
- Die genaue Abgrenzung der einzelnen Gütergruppen ist Ermessenssache. Im vorliegenden Fall erscheint es beispielsweise sinnvoll, den Artikel 200005 zu den B-Gütern zu zählen, da sein Wertanteil eher zu den übrigen B-Gütern passt als zu den A-Gütern. Dass dadurch der Wertanteil der A-Güter nicht bei 75 % sondern nur bei 71,69 % liegt, ist vernachlässigbar.

B Wie kann eine ABC-Analyse grafisch veranschaulicht werden?

Für die grafische Darstellung wird auf die Zahlen der Tabellenkalkulation zurückgegriffen. Es kommen mehrere Diagrammtypen infrage. Sollen die Wert- und Mengenanteile der verschiedenen Gütergruppen konkret ablesbar sein, eignet sich ein Säulendiagramm für die Darstellung.

ABC-Analyse: Säulendiagramm

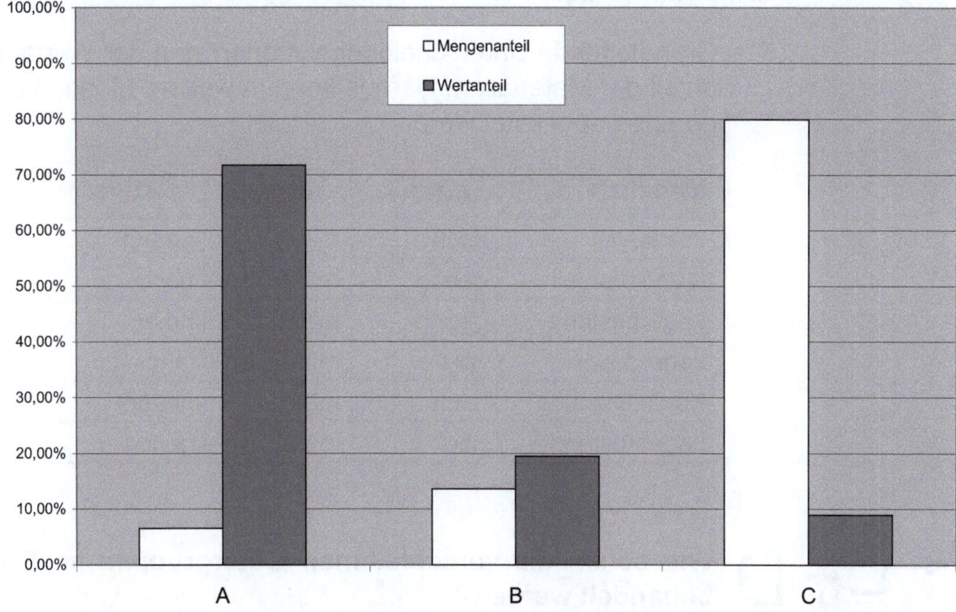

Wird eine flächenmäßige Veranschaulichung bevorzugt, kann eine Lorenz-Kurve mithilfe kumulierter Werte erstellt werden.

Vorgehensweise:

Tragen Sie in das Koordinatensystem zunächst den Wert- und Mengenanteil für die Gruppe der A-Güter ein (71,69 % Wertanteil / 6,52 % Mengenanteil). Ziehen Sie anschließend zu diesem Punkt eine Linie vom Nullpunkt aus. Analog zeichnen Sie die Punkte für die Gruppe der B-Güter (19,42 % Wertanteil / 13,57 % Mengenanteil) und C-Güter (8,89 % Wertanteil / 79,91 % Mengenanteil) ein und verbinden die Punkte mit einer Linie.

Berücksichtigen Sie, dass es sich hier um kumulierte Werte handelt. Die Prozentwerte der B- und C-Güter müssen zu den A-Gütern hinzugerechnet werden.

ABC-Analyse: kumulierte Werte (Lorenz-Kurve)

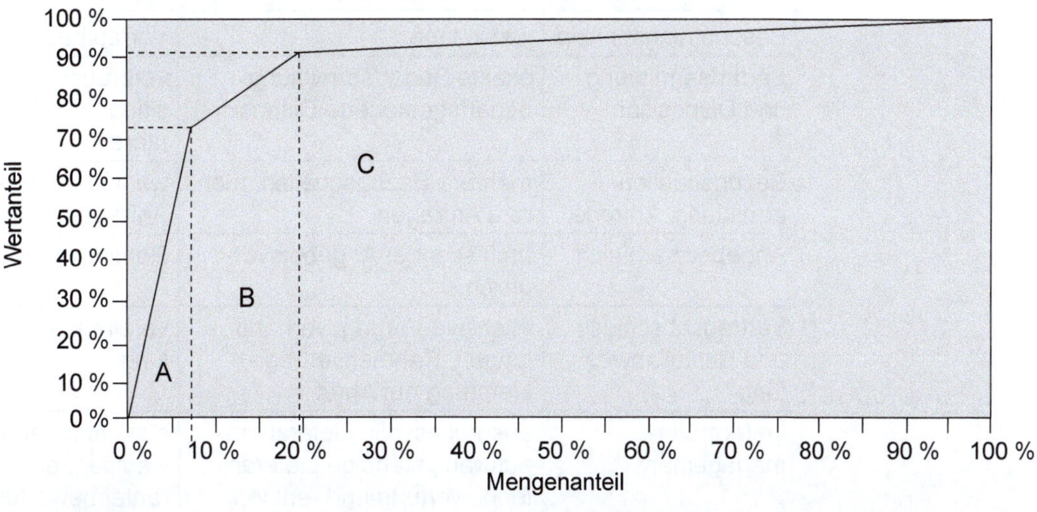

Der Diagrammtyp kann individuell gewählt werden. Wert- und Mengenanteil der Gütergruppen müssen eindeutig erkennbar sein. Benennen und skalieren Sie in jedem Fall die Achsen und geben Sie die entsprechende Einheit an.

C Welche Merkmale weisen die verschiedenen Gütergruppen einer ABC-Analyse auf?

Grundlegende Unterscheidungskriterien sind der Wertanteil und der Mengenanteil der Materialien. Daraus können weitere Merkmale der einzelnen Gütergruppen abgeleitet werden:

Merkmale	A-Güter	B-Güter	C-Güter
Wertanteil	hoch	mittel	gering
Mengenanteil	gering	mittel	hoch
Lagerbestand	gering	mittel	hoch
Lagerdauer	kurz	mittel	lang
Kapitalbindung	hoch	mittel	gering
Lagerkosten	hoch	mittel	gering

D Wie sollen die verschiedenen Gütergruppen im Beschaffungsprozess behandelt werden?

Geht es um die Frage, wie ein bestimmter Artikel im Rahmen des Beschaffungsprozesses behandelt werden soll, muss zunächst geklärt werden, welcher Gütergruppe (A, B, C bzw. X, Y, Z) der Artikel zuzuordnen ist. Anschließend können die zur Gütergruppe passenden Maßnahmen ergriffen werden.

A-Güter verursachen aufgrund ihres Wertes eine hohe Kapitalbindung und hohe Lagerkosten. Deshalb wird bei A-Gütern eine Vermeidung unnötig hoher Bestände angestrebt. Zudem können im Einkaufsprozess große Einsparpotenziale realisiert werden. Bei den wertmäßig eher vernachlässigbaren C-Gütern steht die Versorgungssicherheit im Vordergrund, was eine Vorratshaltung sinnvoll erscheinen lässt. Für die verschiedenen Teilprozesse des Beschaffungsprozesses ergibt sich folgender Maßnahmenkatalog:

Behandlung im Beschaffungsprozess	A-Güter	C-Güter
Beschaffungsprinzip	just in time	Vorratsbeschaffung
Bedarfsermittlung und Disposition	exakte Bedarfsermittlung, bedarfsgesteuerte Disposition	verbrauchsgesteuerte Disposition (z. B. Bestellpunktverfahren)
Bezugsquellenermittlung, Anfrage	mehrere Bezugsquellen, mehrere Anfragen	wenige Bezugsquellen und Anfragen
Angebotsvergleich	umfassender Angebotsvergleich	Routinevergleich
Vertragsabschluss und Bestellabwicklung	intensive Vertragsverhandlungen, Rahmenverträge, Lieferung auf Abruf	vereinfachte Bestellabwicklung
Lieferantenmanagement	anspruchsvolle Lieferantenauswahl, ständige Lieferantenbewertung und -entwicklung	stark standardisierte und weniger zeitintensive Lieferantenbewertung
Lagerhaltung	genaue Kontrolle der Lagerbestände	Sicherheitsbestände, routinemäßige Bestandskontrolle

Wie behandelt man B-Güter?

Für B-Güter lässt sich keine allgemeingültige Strategie ableiten. Tendenz: hochwertige B-Güter werden eher wie A-Güter, geringwertige B-Güter eher wie C-Güter behandelt.

E Wie kann eine ABC-Analyse sinnvoll erweitert werden?

Die ABC-Analyse berücksichtigt lediglich den Wert- und den Mengenanteil der Güter. Wenn Ihre Aufgabe darin besteht, noch weitere Aspekte in die Analyse einzubeziehen, wie z. B. die Vorhersagegenauigkeit und den Verlauf des Verbrauchs, muss die ABC-Analyse um eine XYZ-Analyse erweitert werden.

Je konstanter und vorhersehbarer der Materialverbrauch ist, umso einfacher können Einkauf, Disposition und Lagerhaltung abgewickelt werden. Genaue „Forecasts“ ermöglichen eine präzise Planung des gesamten Beschaffungsvorgangs.

Ergänzen Sie deshalb die ABC-Analyse um eine XYZ-Analyse zu folgender Matrix:

	A	B	C
X	konstanter Verbrauch, hoher Verbrauchswert	konstanter Verbrauch, mittlerer Verbrauchswert	konstanter Verbrauch, geringer Verbrauchswert
Y	leicht schwankender Verbrauch, hoher Verbrauchswert	leicht schwankender Verbrauch, mittlerer Verbrauchswert	leicht schwankender Verbrauch, geringer Verbrauchswert
Z	stark schwankender Verbrauch, hoher Verbrauchswert	stark schwankender Verbrauch, mittlerer Verbrauchswert	stark schwankender Verbrauch, geringer Verbrauchswert

Ergebnis:

Es können nun differenziertere Rückschlüsse gezogen werden. Im Falle der AX-Güter muss beispielsweise aufgrund des laufenden Bedarfs eine ständige und zuverlässige Just-in-time-Materialversorgung gewährleistet sein. Bei den CX-Gütern können verbrauchsgesteuerte Dispositionsmethoden (Bestellpunkt-/Bestellrhythmusverfahren) eingesetzt werden. AZ-Güter werden fallweise beschafft.

F Auf welche anderen betrieblichen Bereiche kann die ABC-Analyse übertragen werden?

Ziel einer ABC-Analyse ist es, eine Vielzahl von einzelnen Objekten (Materialien, Produkte, Kunden etc.) nach Gruppen zu unterteilen, um Prioritäten setzen zu können. Die ABC-Analyse kann analog in nahezu allen betrieblichen Funktionsbereichen eingesetzt werden. Sie kann zum Beispiel auf den Vertrieb übertragen werden, um herauszufinden, welchen Kunden man besondere Aufmerksamkeit schenken sollte. In der Fertigung kann eine ABC-Analyse helfen, wenn es um die Frage geht, auf welche Arbeitsschritte oder Produkte sich Rationalisierungsmaßnahmen vor allem konzentrieren sollten.

So trainiere ich für die Prüfung

Aufgaben

1. Wissensfragen

1.1 Lernfragen

1. Nennen Sie jeweils drei Merkmale von A-, B- und C-Gütern.
2. Begründen Sie, warum der Wertanteil, das für die ABC-Analyse maßgebliche Abgrenzungskriterium ist.
3. Sie sollen mithilfe einer Tabellenkalkulation eine ABC-Analyse erstellen. Nach welcher Größe werden die einzelnen Artikel sortiert, bevor sie einer Gütergruppe zugeordnet werden?
4. Nennen Sie die Formel für die Berechnung des Mengenanteils eines Artikels.
5. Für die grafische Veranschaulichung einer ABC-Analyse kommen mehrere Diagrammtypen infrage. Erläutern Sie den wesentlichen Unterschied zwischen der Darstellung in Form eines Säulendiagramms und der Darstellung in Form einer Lorenz-Kurve.
6. Erläutern Sie, für welche Gütergruppe (A, B, C) sich die Just-in-time-Beschaffung empfiehlt.
7. Erläutern Sie die unterschiedliche Vorgehensweise beim Angebotsvergleich für A- und C-Güter.
8. Für welche Dispositionsmethode entscheiden Sie sich bei CX-Gütern? Begründen Sie Ihre Antwort.
9. Nennen Sie ein weiteres Anwendungsbeispiel für ABC-Analysen außerhalb des Beschaffungsbereichs.

1.2 Mehrfachauswahl

Kreuzen Sie eine oder mehrere richtige Lösungen an.

1. Welche Merkmale kennzeichnen A-Güter?
   a) hoher Wertanteil, hoher Mengenanteil, hohe Lagerkosten
   b) geringer Wertanteil, hoher Mengenanteil, geringe Kapitalbindung
   c) hoher Bestandswert, geringer Mengenanteil, kurze Lagerdauer
   d) hoher Bestandswert, kurze Lagerdauer, geringe Lagerkosten
   e) niedriger Lagerbestand, hohe Einstandspreise, hoher mengenmäßiger Verbrauch.

2. Welche Maßnahme ist bei der Beschaffung von C-Gütern sinnvoll?
   a) Einplanung einer „eisernen Reserve“ als Sicherheitsbestand
   b) Beschaffung nach dem Just-in-time-System mit täglicher Belieferung
   c) exakte auftragsbezogene Bedarfsermittlung
   d) C-Teile in den Mittelpunkt des Bestandscontrolling stellen
   e) intensive Vertragsverhandlungen mit möglichst vielen verschiedenen Lieferanten.

3. Ein Fahrradhersteller bezieht verschiedene Fremdbauteile für die Fahrradmontage. Welche Maßnahmen sind für die Beschaffung der Fahrradrahmen nicht sinnvoll?

a) bedarfsgesteuerte, auftragsbezogene Disposition.

b) Enge und dauerhafte Kooperation mit den Stammlieferanten, um die Kosten beim Lieferanten zu senken und die Qualität zu verbessern.

c) verbrauchsgesteuerte Disposition nach dem Bestellpunktverfahren.

d) Einführung eines Just-in-sequence-Systems, bei dem der Lieferer die Fahrradrahmen fertigungssynchron direkt an die Montagelinie bringt.

e) Über ein E-Auction-System erhält der preisgünstigste Anbieter, ein bisher unbekannter Hersteller, ohne weitere Prüfung den Auftrag über die Lieferung der Fahrradrahmen.

4. Welche Formel trifft auf die Berechnung des Wertanteils eines Artikels zu?

a) Einstandspreis · durchschnittlicher Lagerbestand / gesamter Verbrauchswert aller Artikel

b) (Einstandspreis · Verbrauchsmenge des Artikels) · 100 %

c) ((Einstandspreis · Verbrauchsmenge des Artikels) / Verbrauchsmenge aller Artikel) · 100 %

d) ((Einstandspreis · Verbrauchsmenge des Artikels) / Verbrauchswert aller Artikel) · 100 %

e) (Verbrauchswert des Artikels / Verbrauchsmenge des Artikels) · 100 %.

5. Das nachstehende Diagramm ist das Ergebnis einer ABC-Analyse. Welche der folgenden Aussagen zu diesem Diagramm sind zulässig?

a) Die B-Güter machen mehr als 50 % des gesamten mengenmäßigen Materialverbrauchs aus.

b) A- und B-Güter haben zusammen einen Wertanteil von über 90 %.

c) Der Mengenanteil der A-Güter liegt zwischen 70 % und 80 %.

d) Die C-Güter haben einen Wertanteil von unter 10 %.

e) Der Wertanteil der C-Güter ist höher als 90 %.

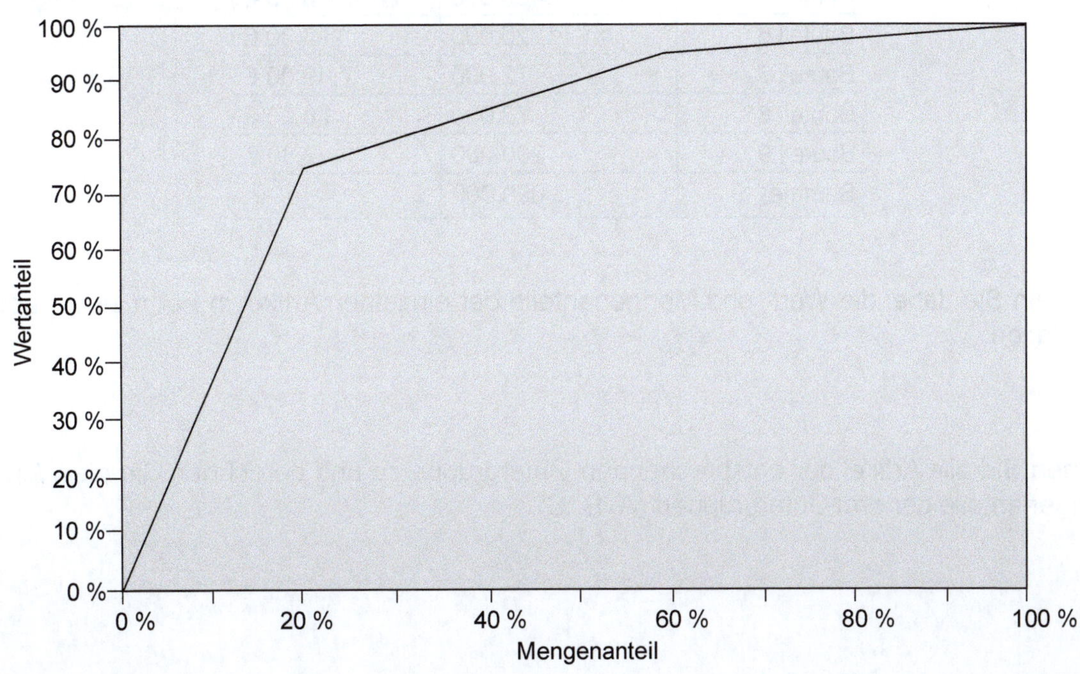

6. Eine ABC-Analyse wird mit einer XYZ-Analyse kombiniert. Ordnen Sie folgende Kombinationen jeweils sinnvoll einer der aufgeführten Beschaffungsmaßnahmen zu.

(1) AX-Güter (2) AZ-Güter (3) CX-Güter (4) CZ-Güter

a) Rahmenvertrag mit Lieferanten abschließen, der Lieferung auf Abruf ermöglicht.

b) Bestellpunktverfahren anwenden.

c) In den seltenen Bedarfsfällen wird bei einem bereits bekannten Lieferer bestellt, ohne Angebote weiterer Lieferer einzuholen.

d) In den seltenen Bedarfsfällen wird ein aufwendiger Angebotsvergleich durchgeführt.

2. Fallsituationen

2.1 Fall 1

In einem Industriebetrieb werden Teile und Baugruppen zu Fertigerzeugnissen montiert. Bis jetzt wurden alle Materialien auf Vorrat beschafft und Sicherheitsbestände gehalten, um zu gewährleisten, dass immer genügend Teile für die Produktion vorhanden sind. Im Rahmen eines Benchmark-Projektes fiel auf, dass die Lagerkosten sowie die Kapitalbindung wesentlich höher sind als bei den führenden Unternehmen der Branche. Für die einzelnen Teile und Baugruppen sind der jährliche Verbrauch und der Einstandspreis bekannt. Sie sollen eine ABC-Analyse durchführen.

Artikel	Jahresverbrauch (Stück)	Einstandspreis
Baugruppe 1	36.000	490,00 €
Baugruppe 2	72.000	350,00 €
Bauteil 1	180.000	4,50 €
Bauteil 2	180.000	18,00 €
Bauteil 3	144.000	19,00 €
Bauteil 4	380.000	1,80 €
Bauteil 5	1.460.000	0,25 €
Bauteil 6	220.000	3,30 €
Bauteil 7	72.000	49,00 €
Bauteil 8	72.000	28,00 €
Bauteil 9	280.000	2,80 €
Summe	3.096.000	

a)

Ermitteln Sie dabei die Wert- und Mengenanteile der einzelnen Artikel in Form einer Tabellenkalkulation.

b)

Ordnen Sie alle Artikel der entsprechenden Gütergruppe zu und berechnen Sie die Wert- und Mengenanteile der drei Gütergruppen (A, B, C).

c)

Aus dem Bestandscontrolling sind folgende Daten bekannt:

Artikel	Durchschnittl. Lagerbestand (Stück)
Baugruppe 1	10.000
Baugruppe 2	12.000
Bauteil 1	36.000
Bauteil 2	20.000
Bauteil 3	35.000
Bauteil 4	36.000
Bauteil 5	38.000
Bauteil 6	32.000
Bauteil 7	14.000
Bauteil 8	24.000
Bauteil 9	31.000

Berechnen Sie, wie viel Kapital in den Lagerbeständen pro Artikel und insgesamt durchschnittlich gebunden ist.

d)

Es sollen Maßnahmen zur Reduzierung der Kapitalbindung und Lagerkosten ergriffen werden. Auf welche Artikel würden Sie sich hierbei vor allem konzentrieren und welche Maßnahmen empfehlen Sie? Begründen Sie Ihre Entscheidung.

e)

Eine weitere Analyse hat ergeben, inwieweit der Verbrauch der verschiedenen Materialien vorhersehbar ist. Eine hohe Vorhersagegenauigkeit und einen regelmäßigen Bedarf weisen auf: Baugruppe 1, Baugruppe 2, Bauteil 2, Bauteil 5. Eine geringe Vorhersagegenauigkeit und einen unregelmäßigen Bedarf haben Bauteil 7, Bauteil 8 und Bauteil 6. Die übrigen Artikel besitzen eine mittlere Vorhersagegenauigkeit und einen leicht schwankenden Bedarf. Kombinieren Sie die Ergebnisse der ABC-Analyse mit einer XYZ-Analyse, indem Sie die einzelnen Artikel jeweils in die entsprechenden Felder der Matrix eintragen:

	A	B	C
X			
Y			
Z			

f)

Welche Vorgehensweise empfehlen Sie bei der Disposition von Bauteil 5? Begründen Sie Ihre Entscheidung.

2.2 Fall 2

Mithilfe eines Tabellenkalkulationsprogrammes (Excel) wurde folgende ABC-Analyse erstellt:

Datei Bearbeiten Ansicht Einfügen Format Extras Daten Fenster Hilfe

Modul2-2.1 abc-analy#266D13.xls

	A	B	C	D	E	F
1–2	Artikel-Nr.	Jahresverbrauch (Stück)	Einstandspreis	Verbrauchswert	Wertanteil	Mengenanteil
3	1030	54.000	380,00 €		33,63%	1,10%
4	1010	190.000	76,00 €	14.440.000,00 €		3,86%
5	2030	32.000	410,00 €	13.120.000,00 €	21,50%	
6	1020	170.000	19,80 €	3.366.000,00 €	5,52%	3,46%
7	2090	130.000	17,60 €	2.288.000,00 €	3,75%	2,64%
8	2050	85.000	24,00 €	2.040.000,00 €	3,34%	1,73%
9	2080	180.000	9,80 €	1.764.000,00 €	2,89%	3,66%
10	2070	1.200.000	0,69 €	828.000,00 €	1,36%	24,41%
11	2020	275.000	2,90 €	797.500,00 €	1,31%	5,59%
12	2060	780.000	0,94 €	733.200,00 €	1,20%	15,87%
13	2040	220.000	3,30 €	726.000,00 €	1,19%	4,48%
14	2010	1.600.000	0,25 €	400.000,00 €	0,66%	32,55%
15	Summe	4.916.000		61.022.700,00 €	100,00%	100,00%

a)
Geben Sie für die leeren Felder (grau hinterlegt) die Formel im Tabellenkalkulationsformat und die Ergebnisse an. Die Formel soll kopierbar sein.

b)
Stellen Sie die Ergebnisse der ABC-Analyse in einem Diagramm dar. Sowohl die Wert- als auch die Mengenanteile der A-, B- und C-Güter sollen aus dem Diagramm ablesbar sein.

Hinweis: Da Wert- und Mengenanteile der Gütergruppen ablesbar sein sollen, ist ein Säulendiagramm für die Darstellung geeignet. (Alternative Diagrammtypen sind möglich.)

c)
Für die Artikel 2010 und 2030 müssen neue Lieferanten gefunden und ausgewählt werden. Erläutern Sie, inwiefern sich die Lieferantenauswahl bei Artikel 2010 und Artikel 2030 unterscheidet.

d)
Der Vertriebsleiter sieht die von Ihnen erstellte ABC-Analyse und fragt nach, inwiefern eine solche Analyse auch für den Vertrieb sinnvoll eingesetzt werden könnte. Zeigen Sie dem Vertriebsleiter zwei Anwendungsmöglichkeiten der ABC-Analyse im Vertrieb.

Lösungen

1. Wissensfragen

1.1 Lernfragen

1. A-Güter: hoher Wertanteil, niedriger Mengenanteil, hohe Lagerkosten

B-Güter: mittlerer Wertanteil, mittlerer Mengenanteil, mittlere Lagerdauer

C-Güter: niedriger Wertanteil, hoher Mengenanteil, geringe Kapitalbindung.

2. Vom Wertanteil der Materialien hängen viele Beschaffungsentscheidungen ab. Ein hoher Wertanteil verursacht beispielsweise hohe Lagerkosten und eine hohe Kapitalbindung. Bei teuren Materialien werden deshalb niedrige Lagerbestände angestrebt.

3. Die Sortierung erfolgt nach dem Wertanteil.

4. $\text{Mengenanteil} = \frac{\text{Verbrauchsmenge des Artikels}}{\text{gesamter Jahresverbrauch}} \cdot 100\,\%.$

5. Ein Säulendiagramm zeigt die Wert- und Mengenanteile jeder Gütergruppe einzeln. Die Lorenz-Kurve zeigt die kumulierten Wert- und Mengenanteile der Gütergruppen.

6. Die Just-in-time-Beschaffung empfiehlt sich vor allem für A-Güter, da JiT hier mehr als bei jeder anderen Gütergruppe zu einer Senkung des Bestandswertes und Lagerkostenreduzierung beitragen kann.

7. Bei A-Gütern werden möglichst viele Angebote zum Vergleich herangezogen und möglichst viele Kriterien (Preis, Qualität, Zuverlässigkeit etc.) berücksichtigt. Bei den C-Gütern sollte der Angebotsvergleich möglichst wenig Zeit beanspruchen, da der geringe Wert der C-Güter keinen aufwendigen Angebotsvergleich rechtfertigt.

8. CX-Güter haben einen geringen Wertanteil, sie werden jedoch regelmäßig in großen Mengen benötigt. Somit können verbrauchsgesteuerte Dispositionsmethoden (Bestellpunktverfahren, Bestellrhythmusverfahren) eingesetzt werden. Eine bedarfsgesteuerte Disposition wäre zu aufwendig.

9. Weiteres Anwendungsbeispiel: Analyse von Kundengruppen im Vertrieb.

1.2 Mehrfachauswahl

1. c

A-Güter weisen einen hohen Wertanteil (Bestandswert) und einen niedrigen Mengenanteil auf. Ihre Lagerdauer ist kurz, da aufgrund des hohen Wertes eine niedrige Kapitalbindung angestrebt wird.

2. a

Die „eiserne Reserve" macht Sinn, da sie zur Versorgungssicherheit beiträgt, wertmäßig jedoch nur wenig ins Gewicht fällt. Alle anderen genannten Maßnahmen wären bei wertmäßig bedeutsamen Materialien (A-Güter) empfehlenswert.

3. c und **e**

Fahrradrahmen zählen hier zu den A-Gütern. Die verbrauchsgesteuerte Disposition führt zu unnötig hohen Lagerbeständen, die es bei A-Gütern zu vermeiden gilt. Der Fahrradrahmen ist für die Qualität des Endprodukts von entscheidender Bedeutung. Eine „anonyme" Auftragsvergabe über E-Auction ohne weitere Prüfung der Liefererqualität wäre deshalb zu riskant. Die auftragsbezogene Disposition sowie das Just-in-sequence-System tragen zur angestrebten Bestandsminimierung bei, eine Kooperation mit dem Lieferer fördert die Qualität.

4. d

Einstandspreis · Verbrauchsmenge des Artikels = Verbrauchswert des Artikels

$$\frac{\text{Verbrauchswert des Artikels}}{\text{Verbrauchswert aller Artikel}} \cdot 100\ \% = \text{Wertanteil}$$

5. b und **d**

Das Diagramm zeigt die kumulierten Werte! Wert- und Mengenanteil der A-Güter können noch direkt aus dem Diagramm abgelesen werden (Mengenanteil 75 %, Wertanteil 20 %). Um auf den Wert- bzw. Mengenanteil der B-Güter zu kommen, muss vom kumulierten Anteil (A- + B-Güter) der Anteil der A-Güter abgezogen werden. Der Anteil der C-Güter ergibt sich dann aus der Differenz zwischen 100 % und dem Anteil der A- und B-Güter.

6. 1 a, **2 d**, **3 b**, **4 c**

AX: Rahmenvertrag sinnvoll, da regelmäßiger Bedarf vorhanden ist und gute Konditionen (niedrige Preise etc.) ausgehandelt werden können; Lieferung auf Abruf trägt zur Bestandsminimierung bei.

AZ: Hoher Wert rechtfertigt aufwendigen Angebotsvergleich; unregelmäßiger Bedarf erfordert fallweise Beschaffung.

CX: Bedarfsgesteuerte Disposition wäre aufgrund des geringen Wertes zu aufwendig. Bestellpunktverfahren ist aufgrund des konstanten Verbrauchs anwendbar.

CZ: Wegen des geringen Wertes kein aufwendiger Angebotsvergleich; seltener Bedarf bedingt fallweise Beschaffung.

2. Fallsituationen

2.1 Fall 1

a)

A

			a)	a)	a)	b)	b)
Artikel	Jahres-verbrauch (Stück)	Einstands-preis	Verbrauchswert	Wert-anteil	Mengen-anteil	Rang	Güter-gruppe
Baugruppe 2	72.000	350,00 €	25.200.000,00 €	43,65%	2,33%	1	A
Baugruppe 1	36.000	490,00 €	17.640.000,00 €	30,56%	1,16%	2	A
Bauteil 7	72.000	49,00 €	3.528.000,00 €	6,11%	2,33%	3	B
Bauteil 2	180.000	18,00 €	3.240.000,00 €	5,61%	5,81%	4	B
Bauteil 3	144.000	19,00 €	2.736.000,00 €	4,74%	4,65%	5	B
Bauteil 8	72.000	28,00 €	2.016.000,00 €	3,49%	2,33%	6	B
Bauteil 1	180.000	4,50 €	810.000,00 €	1,40%	5,81%	7	C
Bauteil 9	280.000	2,80 €	784.000,00 €	1,36%	9,04%	8	C
Bauteil 6	220.000	3,30 €	726.000,00 €	1,26%	7,11%	9	C
Bauteil 4	380.000	1,80 €	684.000,00 €	1,18%	12,27%	10	C
Bauteil 5	1.460.000	0,25 €	365.000,00 €	0,63%	47,16%	11	C
Summe	3.096.000		57.729.000,00 €	100,00%	100,00%		

b)

A, C

Gütergruppe	Mengenanteil	Wertanteil
A	3,49%	74,21%
B	15,12%	19,96%
C	81,40%	5,84%

Hinweise zu a):

Verbrauchswert = Jahresverbrauch · Einstandspreis = 72.000 Stück · 350,00 €/Stück = 25.200.000,00 €

$$\text{Wertanteil} = \frac{\text{Verbrauchswert des Artikels}}{\text{Summe Verbrauchswert}} \cdot 100\ \% = \frac{25.200.000{,}00\ €}{57.729.000{,}00\ €} \cdot 100\ \% = 43{,}65\ \%$$

$$\text{Mengenanteil} = \frac{\text{Jahresverbrauch des Artikels}}{\text{Summe Jahresverbrauch}} \cdot 100\ \% = \frac{72.000\ \text{Stück}}{3.096.000\ \text{Stück}} \cdot 100\ \% = 2{,}33\ \%$$

Hinweise zu b):

Rangfolge nach dem Wertanteil bilden.

Artikel nach dem Wertanteil zu Gütergruppen zusammenfassen (A ca. 75 %, B ca. 20 %, C ca. 5 %)

Wert- und Mengenanteile der Gütergruppen berechnen. Beispiel: Wertanteil A-Güter = 43,65 % + 30,56 % =74,21 %

A

c)

Artikel	durchschnittl. Lagerbestand (Stück)	durchschnittl. Bestandswert
Baugruppe 1	10.000	4.900.000,00 €
Baugruppe 2	12.000	4.200.000,00 €
Bauteil 7	14.000	686.000,00 €
Bauteil 8	24.000	672.000,00 €
Bauteil 3	35.000	665.000,00 €
Bauteil 2	20.000	360.000,00 €
Bauteil 1	36.000	162.000,00 €
Bauteil 6	32.000	105.600,00 €
Bauteil 9	31.000	86.800,00 €
Bauteil 4	36.000	64.800,00 €
Bauteil 5	38.000	9.500,00 €
Summe	288.000	11.911.700,00 €

Hinweise:

Der Wert der Bestände ergibt die Kapitalbindung.
durchschnittl. Bestandswert = durchschnittl. Lagerbestand · Einstandspreis = 10.000 Stück · 490,00 €

D

d)

Die Ergebnisse aus c) zeigen, dass die A-Güter (Baugruppe 1 und 2) mit Abstand die höchste Kapitalbindung aufweisen. Auf diese Güter sollten sich die Maßnahmen zur Senkung der Kapitalbindung konzentrieren. Ein Blick auf die Umschlagshäufigkeit dieser Artikel unterstützt diese Aussage:

$$\text{Umschlagshäufigkeit Baugruppe 1} = \frac{36.000 \text{ Stück}}{10.000 \text{ Stück}} = 3{,}6$$

$$\text{Umschlagshäufigkeit Baugruppe 2} = \frac{72.000 \text{ Stück}}{12.000 \text{ Stück}} = 6$$

Daraus ergibt sich folgende durchschnittl. Lagerdauer:

$$\varnothing \text{ Lagerdauer Baugruppe 1} = \frac{360 \text{ Tage}}{3{,}6} = 100 \text{ Tage}$$

$$\varnothing \text{ Lagerdauer Baugruppe 2} = \frac{360 \text{ Tage}}{6} = 60 \text{ Tage}$$

Trotz ihres hohen Wertes liegen die beiden Baugruppen durchschnittlich 60 bzw. 100 Tage im Lager und binden somit unnötig Kapital. Eine mögliche Maßnahme wäre zum Beispiel die Umstellung von Vorratsbeschaffung auf fertigungssynchrone Beschaffung. In einem Just-in-sequence-System könnten die Baugruppen vom Lieferanten im gleichen Takt an die Montagelinie geliefert werden, wie sie dort verbaut werden. Außerdem sollten die Sicherheitsbestände abgebaut werden. Lagerdauer, Lagerbestand, Kapitalbindung und Lagerkosten könnten somit drastisch reduziert werden. Weitere sinnvolle Maßnahmen: exakte auftragsbezogene Bedarfsermittlung, umfassender Angebotsvergleich etc.

e)

E

	A	B	C
X	Baugruppe 1 Baugruppe 2	Bauteil 2	Bauteil 5
Y		Bauteil 3	Bauteil 1 Bauteil 9 Bauteil 4
Z		Bauteil 7 Bauteil 8	Bauteil 6

f)

E

Bauteil 5: Verbrauchsgesteuerte Disposition (z. B. Bestellpunkt- bzw. Bestellrhythmusverfahren). Da diese Bauteile regelmäßig benötigt werden, aber wegen ihres geringen Wertes keine hohen Lager- und Kapitalkosten verursachen, erscheint eine Vorratshaltung mit Sicherheitsbeständen sinnvoll. Eine exakte auftragsbezogene Disposition wäre hier zu aufwendig. Ein vereinfachtes verbrauchsgesteuertes Verfahren ist vorzuziehen.

2.2 Fall 2

a)

A

Verbrauchswert (D3) = B3 · C3 = 20.520.000,00 €

Wertanteil (E4) = D4 / D15 oder D4 / D$15 = 23,66 %

Mengenanteil (F5) = B5 / B15 oder B5 / B$15 = 0,65 %

Hinweis:

Es wird davon ausgegangen, dass die Spalten Wertanteil und Mengenanteil Prozentformat besitzen.

b)

B

Bevor das Diagramm gezeichnet werden kann, müssen die Artikel einer Gütergruppe zugeordnet und anschließend für jede Gütergruppe Wert- und Mengenanteile ermittelt werden.

Die Artikel sind in der Tabellenkalkulation bereits nach Wertanteil sortiert.

Zuordnung:
Zeile 3 bis 5: A-Güter
Zeile 6 bis 9: B-Güter
Zeile 10 bis 14: C-Güter

Wert- und Mengenanteile der Gütergruppen:

Gütergruppe	Mengenanteil	Wertanteil
A	5,61 %	78,79 %
B	11,49 %	15,50 %
C	82,89 %	5,71 %

Daraus ergibt sich folgendes Diagramm:

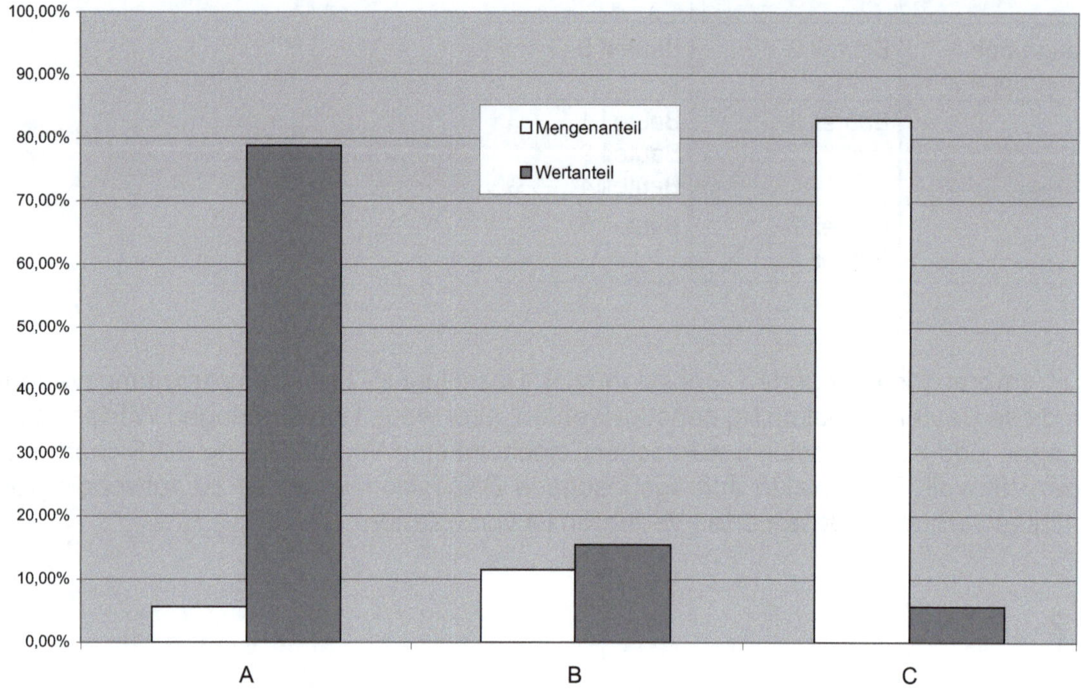

C, D

c)

Artikel 2010 ist ein C-Gut. Da der Wertanteil dieses Artikels gering ist, sollte die Lieferantenauswahl möglichst ohne großen Zeitaufwand erfolgen. Anfragen sind deshalb auf wenige Lieferer zu beschränken und der Lieferantenvergleich einfach zu halten. Artikel 2030 gehört zu den A-Gütern und hat einen hohen Wertanteil. Hier können durch ein ausgefeiltes Lieferantenmanagement noch große Kostensenkungspotenziale ausgeschöpft werden. Deshalb sollten mehrere Lieferer in den Auswahlprozess einbezogen und ein detailliertes Bewertungsschema erarbeitet werden.

C, D

d)

Anwendungsmöglichkeit 1: Es ist zu entscheiden, welche Kunden eine besondere Betreuung (z. B. Key-Account-Manager) erhalten sollen. Maßgebliches Kriterium ist der Umsatz, der mit den einzelnen Kunden gemacht wird.

Anwendungsmöglichkeit 2: Es soll entschieden werden, in welchen Regionen eigene Vertriebsniederlassungen gegründet werden sollen. Auch hier ist der Umsatz der Regionen das maßgebende Merkmal.

2. Bedarfsgesteuerte Disposition

Was muss ich für die Prüfung wissen?

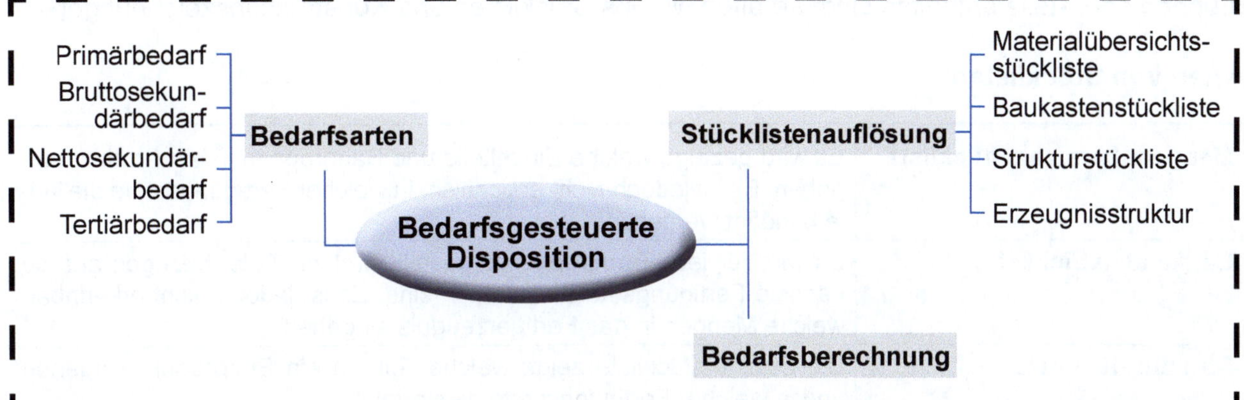

1. Bedarfsarten

Ausgangspunkt der bedarfsgesteuerten Disposition ist das Absatzprogramm des Unternehmens, also die Menge der abzusetzenden Produkte. Als Grundlage können konkrete Kundenaufträge oder ein festgelegter Absatzplan dienen. Berücksichtigt man die Menge an Fertigerzeugnissen, die man bereits auf Lager hat, lässt sich daraus der **Primärbedarf**, also die Menge aller zu fertigenden Produkte, ableiten. Anhand von Stücklisten kann der **Sekundärbedarf** festgestellt werden, nämlich die Menge an Rohstoffen, Einzelteilen und Baugruppen, die notwendig ist, um den Primärbedarf zu fertigen. Beim **Bruttosekundärbedarf** sind Materiallagerbestände und bereits erfolgte Bestellungen noch nicht berücksichtigt. Werden diese Kriterien in die Betrachtung mit einbezogen, so ergibt sich der **Nettosekundärbedarf**. Der Nettosekundärbedarf stellt die Menge an Rohstoffen und Bauteilen dar, die tatsächlich beschafft werden muss. Der **Tertiärbedarf** ist die Menge an Hilfs- und Betriebsstoffen, die für die Produktion benötigt wird.

Es muss auch beachtet werden, ob die Herstellung oder Beschaffung von Materialien eine gewisse Zeit in Anspruch nimmt. Um den Primärbedarf zu einem bestimmten Zeitpunkt zu decken, muss dann die Beschaffung der dafür nötigen Materialien entsprechend früher erfolgen (**Vorlaufverschiebung**).

Tertiärbedarf

Der Bedarf an Hilfs- und Betriebsstoffen wird nur selten ganz genau auf den Primärbedarf abgestimmt, da dies mit sehr aufwendigen Berechnungen verbunden wäre. Aus Gründen der Vereinfachung wird der Durchschnittsverbrauch vergangener Perioden auch als aktueller Tertiärbedarf angenommen. Sollten sich grundlegende Veränderungen in Herstellungsmengen oder Herstellungsverfahren ergeben, muss der Tertiärbedarf genauer berechnet werden.

2. Informationsquellen zur Bestimmung des Bruttosekundärbedarfs

Um den Sekundärbedarf bestimmen zu können, muss ich wissen, aus welchen Teilen sich das fertige Produkt zusammensetzt und wie oft ein Teil benötigt wird, um ein fertiges Erzeugnis herzustellen. Die notwendigen Informationen, wie sich die Produkte zusammensetzen und welche Baugruppen oder -teile enthalten sind, erhalten wir aus Stücklisten und Konstruktionszeichnungen.

Arten von Stücklisten:

Mengenübersichtsstückliste	Es wird gezeigt, welche Einzelteile und Baugruppen in ein Produkt eingehen. Es ist jedoch nicht ersichtlich, in welcher Fertigungsstufe die Teile benötigt werden.
Baukastenstückliste	Es wird für jede Baugruppe dargestellt, welche Teile, bezogen auf die nächste Fertigungsstufe, enthalten sind. Es ist jedoch nicht erkennbar, welche Mengen in das Fertigerzeugnis eingehen.
Strukturstückliste	Die Strukturstückliste zeigt, welche Teile in ein Endprodukt eingehen und in welcher Fertigungsstufe dies erfolgt.

Rechenschema: Ermittlung des Bruttosekundärbedarfs

	Absatzprogramm
-	Fertigerzeugnislagerbestand
+	Sicherheitsbestand an Fertigerzeugnissen
=	**Primärbedarf**
daraus abgeleitet wird der	
⇒	**Bruttosekundärbedarf**

Als grafische Darstellung dient häufig ein **Erzeugnisbaum** (oder auch **Erzeugnisstruktur** genannt), der die Struktur der Baugruppen und Einzelteile eines Produktes mengenmäßig deutlich macht.

3. Vom Brutto- zum Nettosekundärbedarf

Nachdem bekannt ist, welche Teile in entsprechender Menge notwendig sind, um eine bestimmte Anzahl an Erzeugnissen herzustellen, muss noch berücksichtigt werden, wie viele dieser Teile sich bereits auf Lager befinden oder schon bestellt wurden. Diese Information findet man in Lagerbestandsdateien.

Rechenschema: Ermittlung des Nettosekundärbedarfs

	Bruttosekundärbedarf
-	Materiallagerbestände
-	Werkstattbestände
-	bereits bestelltes Material
+	für andere Aufträge reservierte Materialbestände
+	Sicherheitsbestand an Material
=	**Nettosekundärbedarf**

Was erwartet mich in der Prüfung?

In einer Prüfung wird möglicherweise verlangt, dass unter Berücksichtigung gegebener Materialbestände der Nettosekundärbedarf berechnet wird. Die Berechnung ist meist durch logisches Denken zu bewerkstelligen. Komplizierte Formeln braucht man nicht.

1. Das Lernlabyrinth

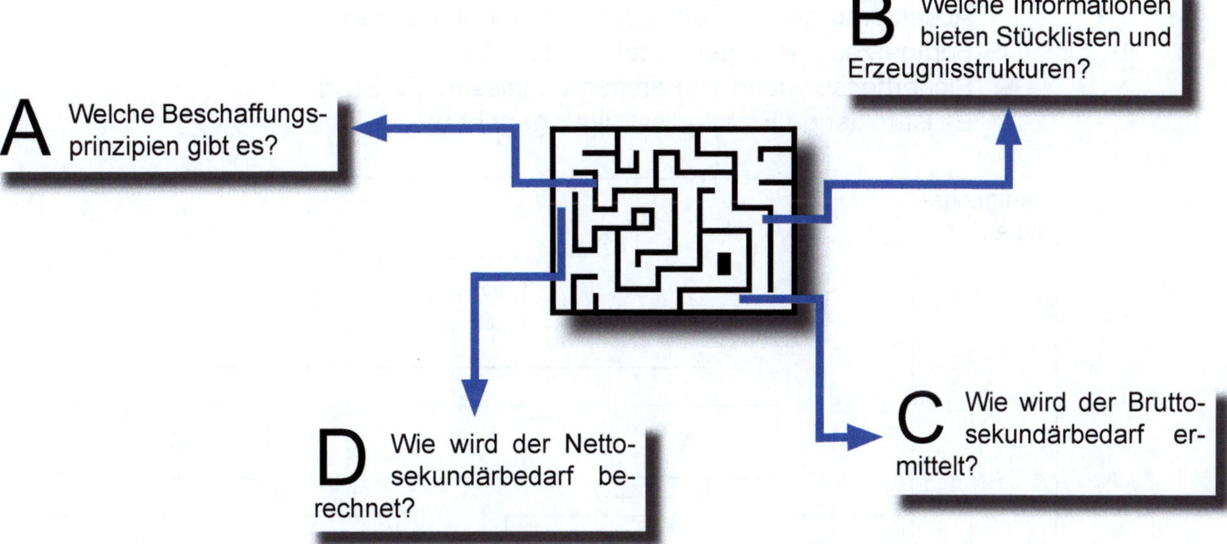

2. Wege aus dem Labyrinth

A Welche Beschaffungsprinzipien gibt es?

Eine solche Frage muss im Zusammenhang mit einer gegebenen Fallsituation betrachtet werden. In der Prüfung wird ein Unternehmen beschrieben und mögliche Beschaffungsprinzipien sind zu erkennen oder vorzuschlagen (vgl. S. 24).

Was ist zu beachten?

- Aus der gegebenen Unternehmensbeschreibung können Sie entnehmen, ob das Unternehmen Lagerhaltung betreibt oder just in time beliefert wird.
- Wichtig ist auch, dass Sie darauf achten, welche Güter beschafft und welche Produkte gefertigt werden. Davon ist es meist abhängig, welches Beschaffungsprinzip sinnvoll ist.

B Welche Informationen bieten Stücklisten und Erzeugnisstrukturen?

Die Informationen aus Stücklisten und Erzeugnisstrukturen beziehen sich immer auf 1 Produkt. In der Prüfung ist meist die Frage, welche Teile man in welcher Menge benötigt, um eine bestimmte Anzahl an Produkten herzustellen. Somit lässt sich der Bruttosekundärbedarf ermitteln.

C Wie wird der Bruttosekundärbedarf ermittelt?

Ausgangssituation:

Absatzprogramm: 300 Produkte (Fertigerzeugnisse)
Fertigerzeugnis-Lagerbestand: 120 Stück
Sicherheitsbestand an Fertigerzeugnissen: 20 Stück
Es ist folgende Erzeugnisstruktur gegeben:

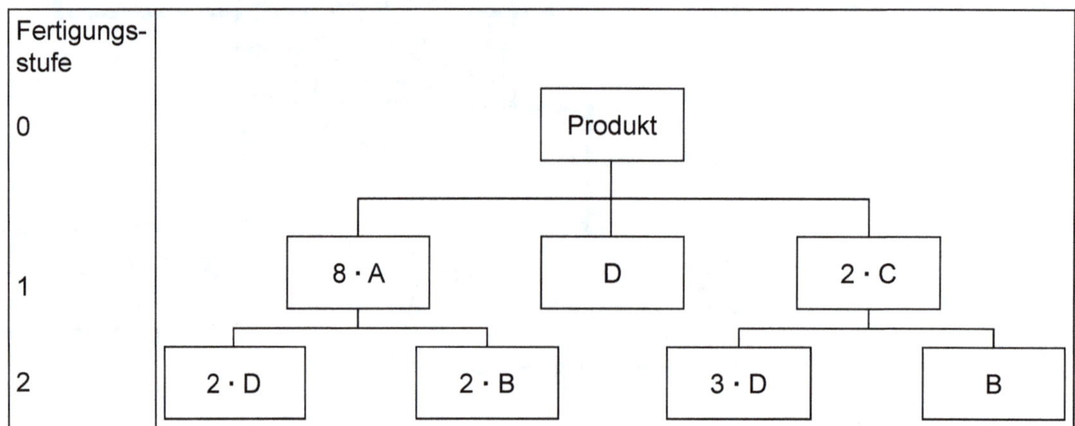

Fragestellung:

Wie viele Bauteile D sind erforderlich, um die benötigten Fertigerzeugnisse produzieren zu können?

Berechung:

	Stück
Absatzprogramm	300
- FE-Lagerbestand	120
+ FE-Sicherheitsbestand	20
= Primärbedarf	200
⇒ **Bruttosekundärbedarf**	**4.600**

In jedes Produkt geht 8-mal die Baugruppe A ein, die wiederum aus jeweils 2-mal dem Bauteil D besteht.

$$\Rightarrow 200 \cdot 8 \cdot 2 = 3.200 \text{ Stück}$$

Zusätzlich geht in jedes Produkt das Bauteil D noch 1-mal unmittelbar ein. Also:

$$\Rightarrow 200 \cdot 1 = 200 \text{ Stück}$$

Es ist weiterhin 2-mal die Baugruppe C enthalten, die sich unter anderem aus 3-mal dem Bauteil D zusammensetzt.

$$\Rightarrow 200 \cdot 2 \cdot 3 = 1.200 \text{ Stück}$$

Insgesamt wird also 3.200 + 200 + 1.200 = 4.600-mal das Bauteil D benötigt.

Ergebnis:

Es müssen 200 Fertigerzeugnisse produziert werden, um das Absatzprogramm erfüllen zu können (Primärbedarf). Aus der Erzeugnisstruktur (s. o.) lässt sich ableiten, dass 4.600 Stück des Bauteils D notwendig sind, um 200 Fertigerzeugnisse produzieren zu können.

D Wie wird der Nettosekundärbedarf ermittelt?

In einer Prüfung steht am Ende meist die Frage, welche Menge denn nun tatsächlich von einem Material bestellt werden muss.

Ausgehend vom Bruttosekundärbedarf sind also noch Lagerbestände, Mindestbestände, Reservierungen und bereits erfolgte Bestellungen zu berücksichtigen.

Situation:

Bruttosekundärbedarf Bauteil D: 4.600 Stück
Lagerbestand: 1.200 Stück
bereits bestellt: 300 Stück
für andere Aufträge reserviert: 100 Stück
Sicherheitsbestand: 200 Stück

Fragestellung:

Wie viele Stück des Bauteils D müssen bestellt werden?

	Stück
Bruttosekundärbedarf	**4.600**
- Lagerbestand	1.200
- Bestellbestand	300
+ Reservierungen	100
+ Sicherheitsbestand	200
⇒ **Nettosekundärbedarf**	**3.400**

Ergebnis:

3.400 Stück des Bauteils D müssen bestellt werden, um 200 Endprodukte produzieren zu können.

So trainiere ich für die Prüfung

Aufgaben

1. Wissensfragen

1.1 Lernfragen

1. Welche Beschaffungsprinzipien gibt es?

2. Was versteht man unter dem Sekundärbedarf?

3. Wodurch unterscheidet sich Brutto- von Nettosekundärbedarf?

4. Welche Arten von Stücklisten gibt es?

1.2 Richtig oder falsch?

Geben Sie an, ob die folgenden Aussagen richtig oder falsch sind:

Aussage	Richtig oder falsch?
1. Einzelbeschaffung eignet sich vor allem für Hilfsstoffe.	
2. Einzelbeschaffung ist bei besonders werthaltigen Gütern sinnvoll.	
3. Die Vorratsbeschaffung eignet sich besonders für C-Güter.	
4. Die Vorratsbeschaffung erzeugt hohe Kapitalbindungskosten.	
5. Das Just-in-time-Verfahren ist eine Sonderform der Einzelbeschaffung.	
6. Durch fertigungssynchrone Beschaffung erhöhen sich die Lagerkosten.	
7. Fertigungssynchrone Beschaffung ist sinnvoll, wenn die Beschaffungsgüter nur schwer am Markt zu bekommen sind.	
8. Bei der fertigungssynchronen Beschaffung müssen die Lieferungen hinsichtlich Liefermenge und Lieferzeitpunkt genau auf den Produktionsprozess des bestellenden Unternehmens abgestimmt sein.	
9. Die Entscheidung zur fertigungssynchronen Beschaffung ist eine Frage des operativen Einkaufs.	

2. Berechnungen

2.1 Gegeben ist die folgende Erzeugnisstruktur:

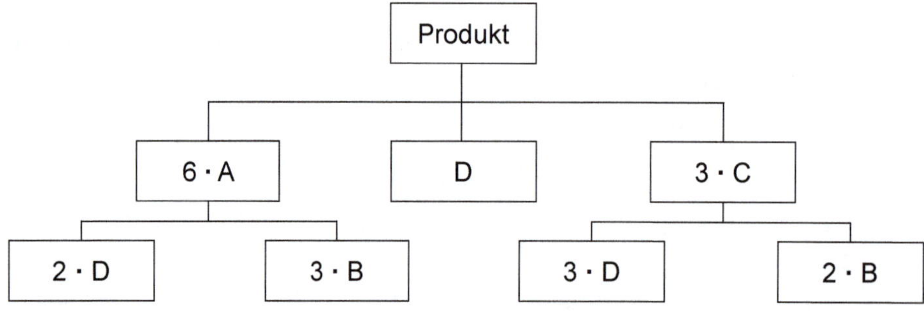

Berechnen Sie, wie oft das Bauteil B benötigt wird, wenn 350 Produkte hergestellt werden sollen.

Gehen Sie nacheinander jeden einzelnen Zweig der Erzeugnisstruktur komplett durch. Bei komplexen Strukturen verliert man sonst leicht die Übersicht.

2.2 Gegeben ist folgende Erzeugnisstruktur für das Produkt P (Buchstaben = Baugruppen; Zahlen = Einzelteile):

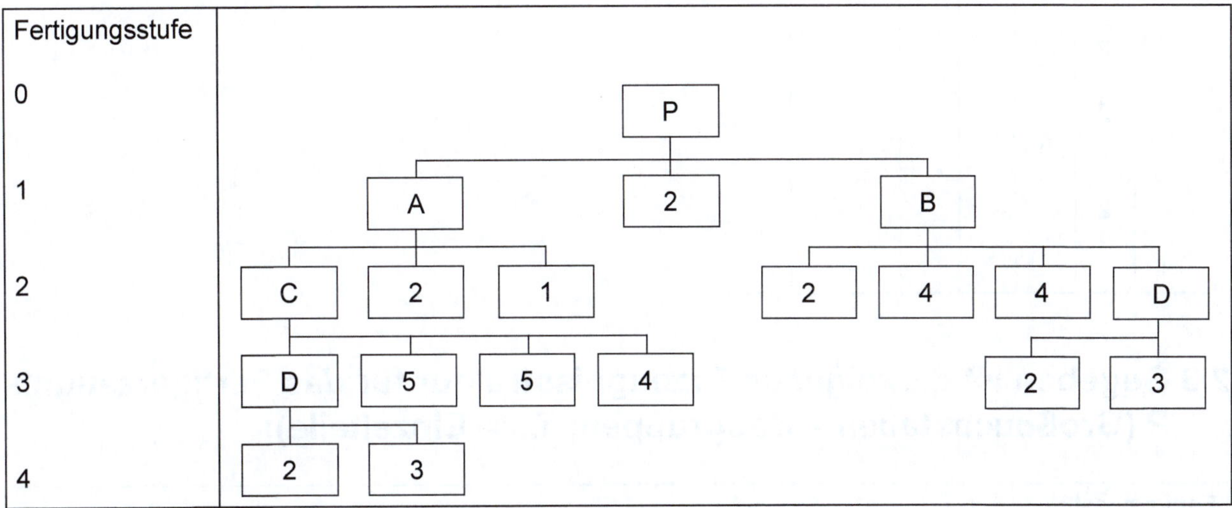

a)
Ergänzen Sie die folgende Mengenübersichtsstückliste:

Bauteil	Menge
A	
B	
C	
D	
1	
2	
3	
4	
5	

b)
Entwickeln Sie die Baukastenstücklisten für das Produkt P, Baugruppe A, B, C und D:

P	Teil	Menge

A	Teil	Menge

B	Teil	Menge

C	Teil	Menge

D	Teil	Menge

c) Ergänzen Sie die Strukturstückliste für das Produkt:

Fertigungsstufe					Teil	Menge
1					A	1
	2				C	
		3			D	
			4		2	
			4			
		3				
		3				
	2					
	2					
1						
	2					
		3				
		3				
	2					
	2					
1						

2.3 Gegeben ist die folgende Erzeugnisstruktur für das Fertigerzeugnis P (Großbuchstaben = Baugruppen; T... = Einzelteile):

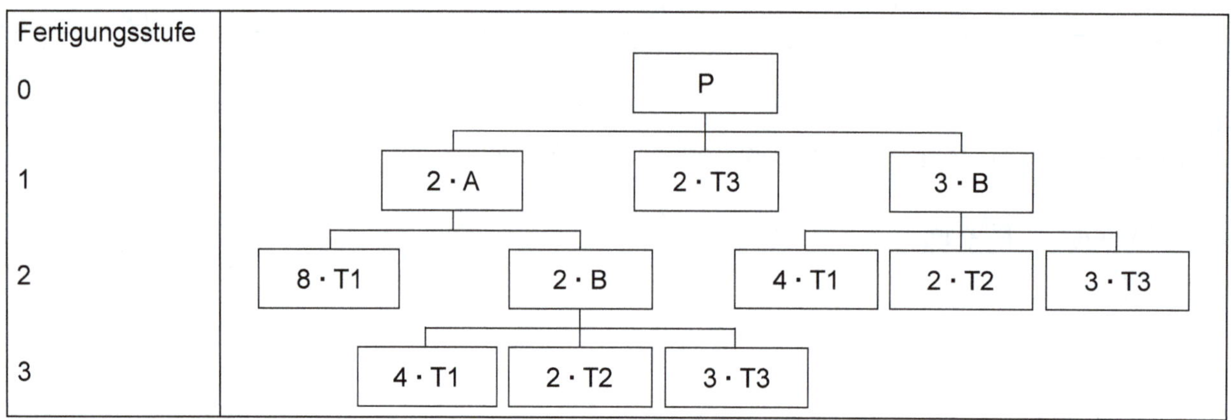

a) Erstellen Sie die Mengenübersichtsstückliste.

b) Erstellen Sie die Baukastenstückliste.

c) Erstellen Sie die Strukturstückliste.

3. Fallsituationen

3.1 Fall 1

In der aktuellen Kalenderwoche sieht der Absatzplan den Verkauf von 35 Produkten P vor. 15 P befinden sich bereits im Fertigerzeugnislager. Aus der Stückliste haben Sie entnommen, dass für das Produkt P 2-mal Teil T1 benötigt wird. Im Materiallager befinden sich noch 12 Stück von T1, weitere 5 Stück wurden bereits bestellt und 2 Teile T1 befinden sich bereits in der Werkstatt.

Geben Sie den Nettosekundärbedarf von T1 an.

3.2 Fall 2

Ein Fahrradhersteller will für die Komponente „Sattel“ eine Nettobedarfsberechnung durchführen. Gehen Sie davon aus, dass die reservierten Materialien in der Woche auch entnommen werden und dass die tatsächlich bestellten Sättel noch in der jeweiligen Woche geliefert werden.

a)

Ergänzen Sie für die Nettosekundärbedarfsberechnung den folgenden Bedarfsplan:

Kalenderwoche	14	15	16	17	18
Absatzprogramm	110	125	130	120	140
FE-Lagerbestand	129				
FE-Sicherheitsbestand	20	20	20	20	20
Primärbedarf					
Bruttosekundärbedarf					
Lagerbestand (Sattel)	46				
Bestellbestand	35	0	0	0	0
Reservierungen	0	21	13	8	12
Sicherheitsbestand	40	40	40	40	40
Nettosekundärbedarf					

b)

Berechnen Sie den Nettosekundärbedarf für die 15. Kalenderwoche für den Fall, dass in der 15. Kalenderwoche ein Bestellbestand von 40 Sätteln vorliegt.

c)

Berechnen Sie den Nettosekundärbedarf für die 15. Kalenderwoche für den Fall, dass das Absatzprogramm der 14. Kalenderwoche 120 Stück beträgt (Berechnung unabhängig von Aufgabe b).

d)

Berechnen Sie den Nettosekundärbedarf für die 15. Kalenderwoche für den Fall, dass der FE-Lagerbestand in der 14. Kalenderwoche 132 Stück beträgt (Berechnung unabhängig von vorangegangenen Aufgaben).

e)

Die Beschaffung der Sättel dauert mit Wareneingangsprüfung eine Woche. Tragen Sie die Bestellmengen (entsprechend der Ausgangssituation) unter Berücksichtigung dieser Vorlaufverschiebung in die erweiterte Tabelle ein:

...	...	...	...	...	...
Sicherheitsbestand	40	40	40	40	40
Nettosekundärbedarf					
Vorlaufverschiebung					

Lösungen

1. Wissensfragen

1.1 Lernfragen

1. Einzelbeschaffung, Vorratsbeschaffung, fertigungssynchrone Beschaffung

2. Menge der nötigen Materialien, um den Primärbedarf herzustellen

3. Beim Bruttosekundärbedarf sind Lagerbestände, Reservierungen und bereits erfolgte Bestellungen noch nicht berücksichtigt. Der Nettosekundärbedarf berücksichtigt diese Größen und stellt damit die Menge an Material dar, die tatsächlich beschafft werden muss.

4. Mengenübersichtsstückliste, Baukastenstückliste, Strukturstückliste

1.2 Richtig oder falsch?

1. falsch ⇒ Hilfsstoffe werden meist in großen Mengen auf Vorrat beschafft.

2. richtig ⇒ Teure Güter erzeugen hohe Lagerkosten. Sie sollten deshalb nur fallweise bei unmittelbarem Bedarf beschafft werden.

3. richtig ⇒ C-Güter erzeugen durch ihren niedrigen Wert nur geringe Lagerkosten. Da der Mengenanteil jedoch relativ hoch ist, sollte auf Vorrat beschafft werden.

4. richtig ⇒ Bei der Vorratsbeschaffung werden hohe Bestände geführt. Dieses Kapital ist im Lager gebunden und kann nicht anders investiert werden.

5. falsch ⇒ Es bestehen Rahmenverträge über bestimmte Mengen mit den Lieferanten. Eine Einzelbeschaffung erfolgt nicht. Nur die Lieferung der Teilmenge erfolgt auf Abruf.

6. falsch ⇒ Da die Lieferungen im Idealfall direkt in die Produktion eingehen, entfällt die Lagerhaltung weitgehend.

7. falsch ⇒ Wenn Güter nur schwer zu bekommen sind, ist das Risiko von Lieferengpässen zu hoch; hier sollte sogar ein hoher Sicherheitsbestand geführt werden, um die Versorgung jederzeit zu gewährleisten.

8. richtig

9. falsch ⇒ Da der Abstimmungsaufwand mit den Lieferern sehr hoch ist, muss eine langfristige Zusammenarbeit angestrebt werden. Dies ist eine strategische Entscheidung.

2. Berechnungen

2.1

Zweig 1 ⇒ 350 · 6 · 3 = 6.300 Stück

Zweig 2 ⇒ Bauteil B ist nicht enthalten.

Zweig 3 ⇒ 350 · 3 · 2 = 2.100 Stück

Insgesamt wird das Teil B 8.400-mal benötigt.

2.2

a)

In der Mengenübersichtsstückliste werden alle Baugruppen und alle Einzelteile mengenmäßig dargestellt.

Die Einzelteile werden separat aufgeführt, auch wenn sie bereits in den Baugruppen enthalten sind.

So ist z. B. die Baugruppe D bereits in den Baugruppen B und C enthalten, wird aber in der Stückliste noch einmal aufgeführt.

Bauteil	Menge
A	1
B	1
C	1
D	2
1	1
2	5
3	2
4	3
5	2

b)

In der Baukastenstückliste wird für jede Baugruppe angegeben, wie sie sich in der vorgelagerten Produktionsstufe zusammensetzt.

P	Teil	Menge
	A	1
	B	1
	2	1

A	Teil	Menge
	C	1
	1	1
	2	1

B	Teil	Menge
	D	1
	2	1
	4	2

C	Teil	Menge
	D	1
	4	1
	5	2

D	Teil	Menge
	2	1
	3	1

c)

Die Strukturstückliste zeigt, welches Teil auf welcher Fertigungsstufe in das Produkt eingeht.

Die einzelnen Zweige der Erzeugnisstruktur werden nach den Fertigungsschritten bis zu ihrem letzten Bestandteil durchlaufen.

Auf Fertigungsstufe 1 wird Teil A eingebaut, das (auf Fertigungsstufe 2) unter anderem aus Teil C besteht. Dieser Zweig wird zunächst weiterverfolgt, die Teile 2 und 1 bleiben noch unberücksichtigt. Dementsprechend besteht C auf Fertigungsstufe 3 aus Baugruppe D, die sich in der nächsten Fertigungsstufe aus den Teilen 2 und 3 zusammensetzt.

Erst jetzt geht man zurück auf Stufe 3 und gibt damit an, dass sich Baugruppe C (neben D) auch noch aus den Teilen 4 und 5 zusammensetzt, wobei Teil 5 2-mal vorkommt.

Dieses Schema wendet man für jeden einzelnen Zweig an und kommt zu folgendem Ergebnis:

Fertigungsstufe				Teil	Menge
1				A	1
	2			C	1
		3		D	1
			4	2	1
			4	3	1
		3		4	1
		3		5	2
	2			1	1
	2			2	1
1				B	1
	2			D	1
		3		2	1
		3		3	1
	2			2	1
	2			4	2
1				2	1

2.3

a)

Teil	Menge	Rechenweg
A	2	
B	7	2·2+3
T1	44	2·8+2·2·4+3·4
T2	14	2·2·2+3·2
T3	23	2·2·3+2+3·3

Gehen Sie wieder die einzelnen Zweige des Erzeugnisbaumes durch.

b)

P	Teil	Menge
	A	2
	B	3
	T3	2

A	Teil	Menge
	B	2
	T1	8

B	Teil	Menge
	T1	4
	T2	2
	T3	3

c)

Üblicherweise werden zuerst die Baugruppen auf der jeweiligen Fertigungsstufe dargestellt. Obwohl das Bauteil T3 auf Fertigungsstufe 1 als zweiter Ast dargestellt ist, wird zuerst die Baugruppe B in die Stückliste übernommen. Es ist jedoch auch sachlogisch richtig, wenn die Zweige der Reihe nach übernommen werden.

Fertigungsstufe			Teil	Menge
1			A	2
	2		B	2
		3	T1	4
		3	T2	2
		3	T3	3
	2		T1	8
1			B	3
	2		T1	4
	2		T2	2
	2		T3	3
1			T3	2

3. Fallsituationen

3.1 Fall 1

B, C, D

Absatzplan	35	P	
- Fertigerzeugnislagerbestand	15	P	
= Primärbedarf	20	P	(müssen hergestellt werden)
⇒ Bruttosekundärbedarf an T1	40	T1	(jedes P enthält 2 T1)
- Lagerbestand	12	T1	
- Werkstattbestand	2	T1	
- erfolgte Bestellungen	5	T1	
= Nettosekundärbedarf	21	T1	(müssen tatsächlich beschafft werden)

3.2 Fall 2

C, D

a)

Kalenderwoche	14	15	16	17	18
Absatzprogramm	110	125	130	120	140
- FE-Lagerbestand	129	20	20	20	20
+ FE-Sicherheitsbestand	20	20	20	20	20
= Primärbedarf	1	125	130	120	140
⇒ Bruttosekundärbedarf	1	125	130	120	140
- Lagerbestand (Sattel)	46	80	40	40	40
- Bestellbestand	35	0	0	0	0
+ Reservierungen	0	21	13	8	12
+ Sicherheitsbestand	40	40	40	40	40
= Nettosekundärbedarf	0 (rechnerisch - 40)	106	143	128	152

Erläuterung für KW 14:

Der Lagerbestand von 129 Fahrrädern würde zwar ausreichen, um den Verkauf von 110 Fahrrädern zu decken, jedoch wird dann der gewünschte Sicherheitsbestand von 20 Stück angegriffen. Deshalb muss ein Fahrrad produziert werden (= Primärbedarf). Da jedes Fahrrad 1 Sattel hat, entspricht der Bruttosekundärbedarf dem Primärbedarf. Dem Sattellagerbestand von 46 Stück muss also 1 Sattel entnommen werden. Berücksichtigt man, dass bereits 35 weitere Sättel bestellt wurden und ein Sicherheitsbestand von 40 Stück erhalten bleiben soll, kommt man zu folgender Rechnung: 1 - 46 - 35 + 40 = - 40 Stück

Ein Bedarf von - 40 bedeutet, dass letztlich 0 Stück bestellt werden müssen und sogar 80 Stück für die nächste Kalenderwoche als Lagerbestand zur Verfügung stehen, da die bestellten 35 Sättel in KW 14 eintreffen.

Erläuterungen zu KW 15:

Der FE-Lagerbestand entspricht dem Sicherheitsbestand. Bei der Produktion der Vorwoche wurde berücksichtigt, dass der Sicherheitsbestand erhalten bleiben soll. Dieser ist also nach wie vor als Lagerbestand erfasst und soll auch erhalten bleiben. Deshalb sind 125 Fahrräder zu fertigen. Beim Lagerbestand der Sättel ist unbedingt zu beachten, dass für diese Woche ein Bestand von 80 Sätteln auf Lager liegt. Berücksichtigt man die Reservierungen und den Sicherheitsbestand, der nicht verbraucht werden soll, ergibt sich ein Nettosekundärbedarf von 106 Stück (Rechnung:125 - 80 + 21 + 40 = 106).

Die folgenden Kalenderwochen werden nach dem gleichen Schema berechnet. Zu beachten ist, dass der Lagerbestand immer dem Sicherheitsbestand entspricht. Schließlich wurde bei der Bedarfsberechnung die Höhe des Sicherheitsbestandes immer addiert (+ 40) und damit auch wieder mitbestellt.

b)

Ergebnis: 66 Stück

Ausgehend vom Ergebnis des Nettosekundärbedarfs (106 Stück) besteht die Möglichkeit, die bereits bestellte Menge von 40 Stück einfach zu subtrahieren ⇒ 106 - 40 = 66 Stück

Man kann auch wieder vom Bruttosekundärbedarf ausgehen und kommt zum gleichen Ergebnis: 125 - 80 - 40 + 21 + 40 = 66 Stück

c)

Ergebnis: 116 Stück

Beträgt das Absatzprogramm der 14. Kalenderwoche 120 Stück, bedeutet das, dass nicht nur 1, sondern 11 Fahrräder gefertigt werden müssen, um den Sicherheitsbestand zu halten. Dies bedeutet auch, dass 10 Sättel mehr aus dem Lager entnommen werden müssen. In der 14. Kalenderwoche müssen zwar trotzdem keine Sättel bestellt werden, aber für die nächste Woche liegen nicht mehr 80, sondern nur noch 70 Sättel auf Lager. In der 15. Kalenderwoche müssen also im Vergleich zur Ausgangssituation (106 Stück) 10 Sättel mehr bestellt werden.

Oder ausgehend vom Bruttobedarf unter Berücksichtigung des veränderten Lagerbestandes: 125 - 70 + 21 + 40 = 116 Stück

d)

Ergebnis: 103 Stück

Liegen in der 14. Kalenderwoche 132 Fahrräder auf Lager, dann muss kein Fahrrad produziert werden. Wenn kein Fahrrad produziert wird, bleibt im Vergleich zur Ausgangssituation 1 Sattel mehr auf Lager. In der 15. Kalenderwoche befinden sich also 81 Sättel auf Lager. Weiterhin ist zu berücksichtigen, dass aus der 14. Kalenderwoche 22 (= 132 - 110) Fertigerzeugnisse auf Lager liegen und der Primärbedarf (und damit auch der Bruttosekundärbedarf) auf 123 Stück zurückgeht. ⇒ Nettosekundärbedarf = 123 - 81 + 21 + 40 = 103 Stück

Zur Übersicht:

Kalenderwoche	**14**	**15**
Absatzprogramm	110	125
- FE-Lagerbestand	132	22
+ FE-Sicherheitsbestand	20	20
= Primärbedarf	0	123
⇒ Bruttosekundärbedarf	0	123
- Lagerbestand (Sattel)	46	81
- Bestellbestand	35	0
+ Reservierungen	0	21
+ Sicherheitsbestand	40	40
= Nettosekundärbedarf	0	103

e)

...	...	...	...	...	...
Sicherheitsbestand	40	40	40	40	40
Nettosekundärbedarf	0	106	143	128	152
Vorlaufverschiebung	106	143	128	152	...

Damit die Sättel rechtzeitig bei Bedarf eingesetzt werden können, müssen sie bereits in der Vorwoche bestellt werden.

3. Verbrauchsgesteuerte Disposition

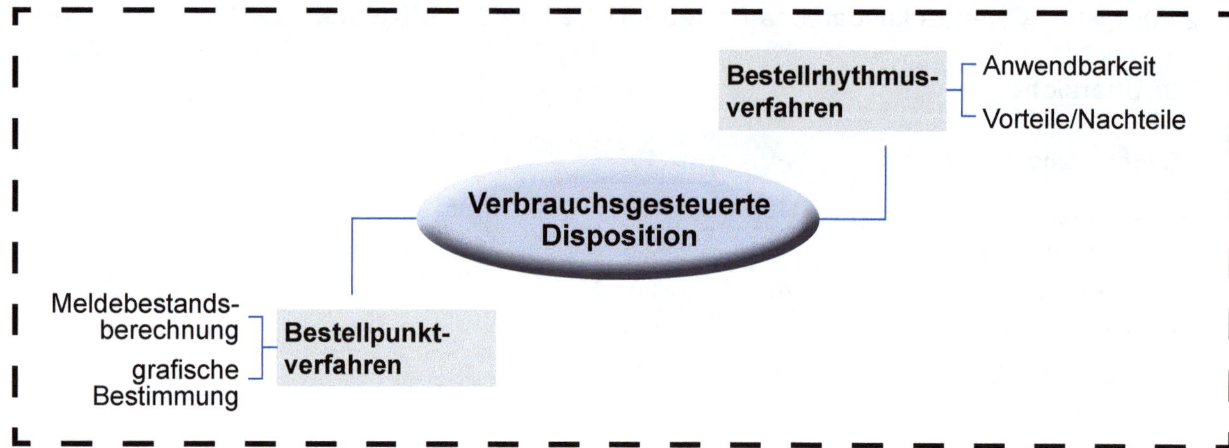

Was muss ich für die Prüfung wissen?

Aufgabe der Disposition ist es unter anderem, den Materialbedarf zeitlich und mengenmäßig zu planen.

Bei der verbrauchsgesteuerten Disposition steht der Verbrauchsverlauf der Vergangenheit im Vordergrund der Betrachtung. Man lässt das zukünftige Absatzprogramm weitgehend außer Acht. Die Bestellmenge lässt sich so ohne großen Aufwand aus dem jeweiligen Lagerbestand ableiten. Um daraus den zukünftigen Verbrauch vorhersagen zu können, ist es wichtig zu wissen, ob der Verbrauch konstant verläuft. Entsprechend den Verbrauchsschwankungen spricht man von X-, Y- oder Z-Gütern.

Bei der verbrauchsgesteuerten Disposition unterscheidet man das Bestellpunkt- und das Bestellrhythmusverfahren:

1. Bestellpunktverfahren

Voraussetzung für die Anwendung dieses Verfahrens ist die kontinuierliche Bestandsführung und damit der Einsatz eines EDV-Systems.

Eine Bestellung wird immer dann ausgelöst, wenn ein bestimmter Meldebestand erreicht ist. Der Meldebestand muss so gewählt werden, dass der Lagerbestand ausreicht, den Verbrauch bis zum Eintreffen der neuen Lieferung zu decken, ohne den Sicherheitsbestand (= Mindestbestand) anzugreifen.

Daraus folgt: **Meldebestand** = Tagesverbrauch · Beschaffungszeit + Sicherheitsbestand

Die Bestellmenge soll so gewählt sein, dass das Lager wieder bis zum Höchstbestand aufgefüllt wird. Die Lieferung soll genau dann eintreffen, wenn der Sicherheitsbestand erreicht wird.

Daraus folgt: Höchstbestand = Sicherheitsbestand + Bestellmenge

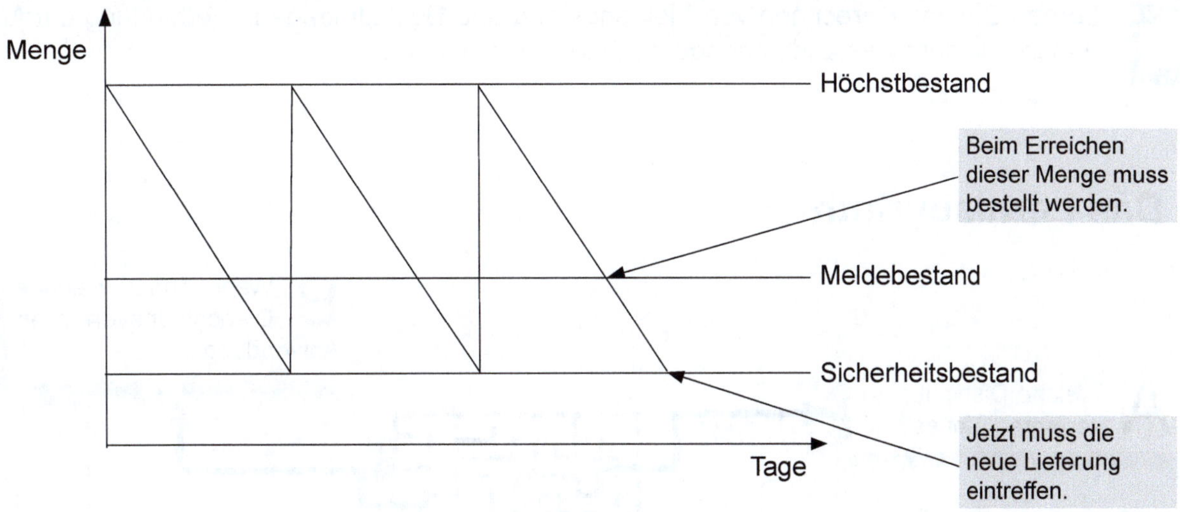

Den Zeitraum, in dem man mit dem Sicherheitsbestand weiterproduzieren könnte, nennt man auch Sicherheitszeit.

$$\text{Daraus folgt: Sicherheitszeit} = \frac{\text{Sicherheitsbestand}}{\text{Tagesverbrauch}}$$

Je nachdem welche Größe gesucht wird, lassen sich die Formeln umstellen und kombinieren.

Fallbeispiel:

Der Tagesverbrauch beträgt 120 Stück, die Beschaffung dauert 5 Tage. Die Sicherheitszeit soll 4 Tage betragen. Die Lagerkapazität beträgt 7.200 Stück.
Die Bestellmenge und der Meldebestand sind zu berechnen.
Bestellmenge: Der Sicherheitsbestand beträgt 480 Stück (= 4 Tage · 120 Stück)
Die Bestellmenge entspricht genau der Differenz zwischen erreichtem Sicherheitsbestand und Höchstbestand: 7.200 - 480 = 6.720 Stück
Meldebestand: Die Bestellung muss 5 Tage vor Erreichen des Sicherheitsbestandes erfolgen, damit die Lieferung rechtzeitig eintrifft. In diesem Zeitraum werden 600 Stück verbraucht. Der Meldebestand beträgt also 1.080 Stück (= 480 + 600).

2. Bestellrhythmusverfahren

Beim Bestellrhythmusverfahren wird der Lagerbestand in konstanten Zeitintervallen überprüft und bis zum Höchstbestand nachbestellt. Die Bestellung kann immer erfolgen, wenn ein Lagerabgang stattgefunden hat oder erst, wenn eine bestimmte Bestandsmenge erreicht oder unterschritten ist. Beim Bestellrhythmusverfahren ist zu beachten, dass Bestellungen nur zu den Zeitpunkten stattfinden können, an denen auch die regelmäßige Bestandsprüfung stattfindet. Für unregelmäßigen Bedarf ist diese Methode kaum geeignet, weil es sonst zur Unterdeckung kommen kann.

Was erwartet mich in der Prüfung?

Fragen zur Mengenplanung und Disposition lassen sich gut mit Aufgaben zur Lagerbestandsführung kombinieren, da der Bedarf meist auch bestandsabhängig ist.

Lernen Sie das Berechnen von Meldebestand und Bestellmenge in Verbindung mit Aufgaben aus dem Bestandsmanagement der Lagerhaltung.

1. Das Lernlabyrinth

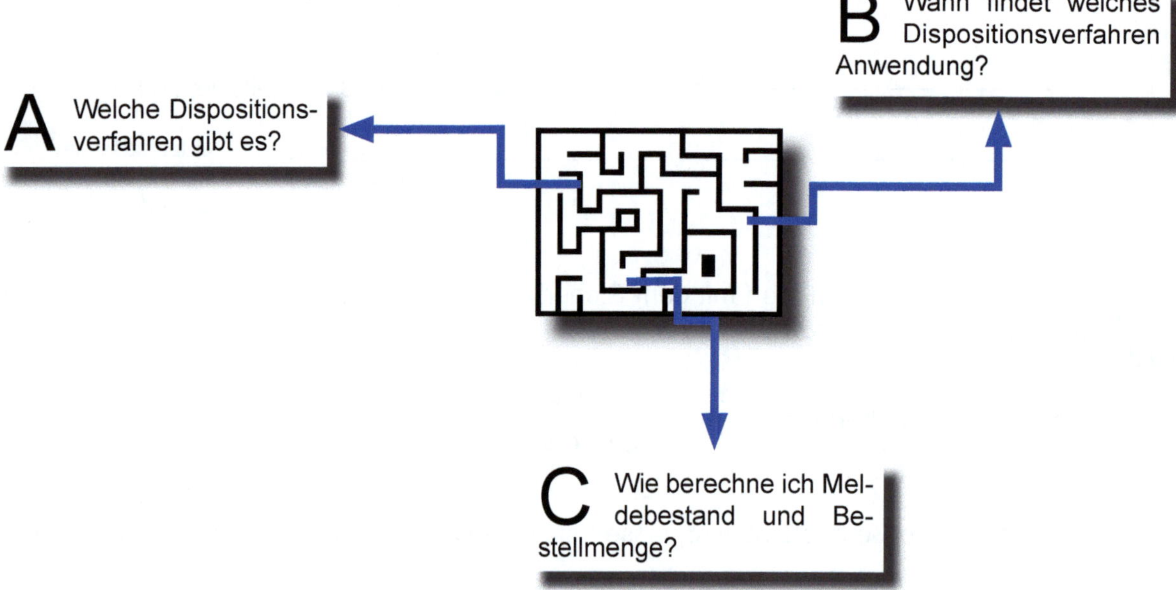

2. Wege aus dem Labyrinth

A Welche Dispositionsverfahren gibt es?

Da die Abschlussprüfung weitgehend aus handlungsorientierten Situationsaufgaben besteht, ist es unwahrscheinlich, dass eine theoretische Unterteilung der verschiedenen Verfahren abgefragt wird. Meist steht die konkrete Bedarfsermittlung bei einer gegebenen Situation im Vordergrund.

B Wann findet welches Dispositionsverfahren Anwendung?

Ob verbrauchs- oder bedarfsorientierte Verfahren anzuwenden sind, ergibt sich zwangsläufig aus der Aufgabenstellung.

Wird von einem Absatzplan oder einem konkreten Kundenauftrag ausgegangen, so muss im Sinne der Bedarfsorientierung eine Nettobedarfsberechnung durchgeführt werden, die vom Primärbedarf abzuleiten ist. Ist ein Verbrauchsverlauf gegeben, der sich auf vergangene Werte stützt, sind verbrauchsorientierte Verfahren anzuwenden.

C

Wie berechne ich Meldebestand und Bestellmenge?

Meldebestand und Bestellmenge können rechnerisch durch die Formeln ermittelt werden. Es ist auch möglich, dass gesuchte Größen aus einer Grafik abgelesen werden müssen, oder eine entsprechende Grafik zu erstellen ist.

Was ist zu beachten?

- Oft ist es nötig, Formeln umzustellen oder zu kombinieren, um einen gesuchten Wert berechnen zu können. Im Umgang mit diesen Formeln und den notwendigen Rechenoperationen müssen Sie sicher sein.

So trainiere ich für die Prüfung

Aufgaben

1. Wissensfragen

1.1 Lernfragen

1. Wie können Güter nach deren Verbrauchsschwankungen eingeteilt werden?
2. Unter welchen Voraussetzungen ist das Bestellpunktverfahren anwendbar?
3. Wie ist die Sicherheitszeit definiert?
4. Wie wird der Meldebestand berechnet?
5. Ergänzen Sie die folgende Übersicht zu den Dispositionsverfahren, indem Sie die folgenden Begriffe ergänzen:

   Sammelbedarfsdisposition, Bestellpunktverfahren, bedarfsorientiert, Einzelbedarfsdisposition, auftragsorientiert, Bestellrhythmusverfahren

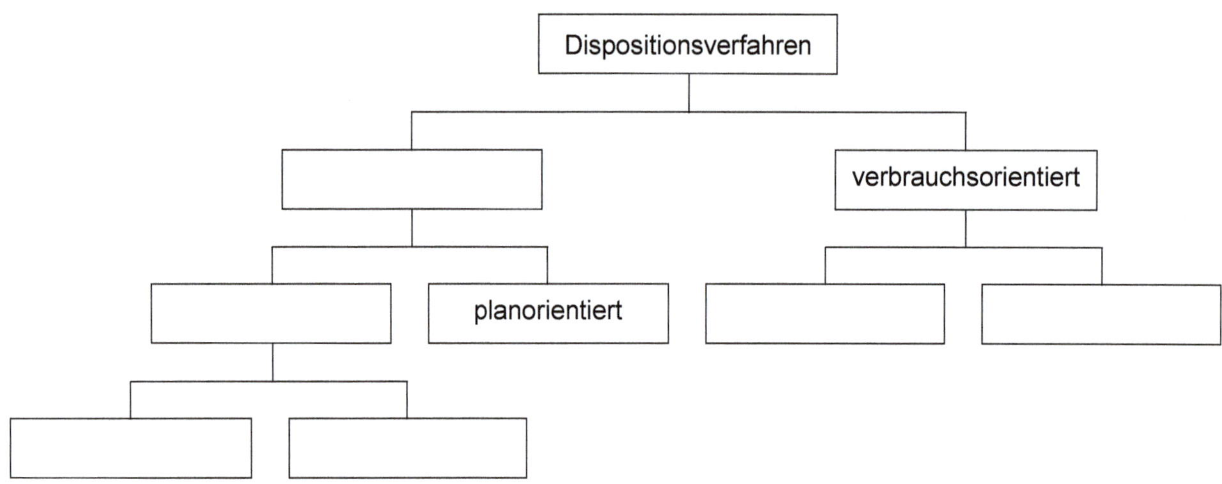

2. Rechenaufgaben

2.1

Die Lieferzeit eines Artikels dauert 14 Tage. Für die Wareneingangskontrolle werden 2 Tage benötigt. Täglich werden 1.200 Stück verbraucht; der Mindestbestand soll für 5 Tage reichen. Der Höchstbestand des Lagers beträgt 40.000 Stück.

a) Wie hoch ist der Meldebestand?

b) Wie hoch ist die Bestellmenge?

2.2
Von einem Bauteil werden täglich 40 Einheiten verbraucht. Die Wiederbeschaffungszeit beträgt 10 Tage. Die Sicherheitszeit beträgt 5 Tage.

In wie vielen Tagen muss bestellt werden, wenn der momentane Lagerbestand 1.160 Stück beträgt?

2.3
Die Beschaffungszeit eines Rohstoffes beträgt 8 Tage, der tägliche Verbrauch 40 Stück. Der Meldebestand des Rohstoffes liegt bei 560 Stück. Durch einen Lieferantenwechsel verkürzt sich die Beschaffungszeit auf 6 Tage, der Sicherheitsbestand wird um 20 Stück gesenkt.

Berechnen Sie den Meldebestand für die neuen Bedingungen.

3. Fallsituation

Ein Fahrradhersteller bezieht für seine Rennradproduktion Fahrradpedale. Es wird mit einem konstanten Verbrauch von 50 Stück pro Tag kalkuliert. Die Beschaffungszeit für die Fahrradpedale beträgt 5 Tage. Der Sicherheitsbestand soll 5 Tage lang ausreichen. Die Bestellmenge liegt bei 550 Stück. Sie sind für die Disposition der Fahrradpedale zuständig. Die Disposition erfolgt verbrauchsgesteuert nach dem Bestellpunktverfahren.

a)

Berechnen und ergänzen Sie die fehlenden Daten in der Artikelkarte des ERP-Systems:

203002 Fahrradpedale - Artikelkarte

Allgemein | Fakturierung | Bestellung | Produktion | Außenhandel | Berichtswesen | Artikelverfolgung | Commerce Portal

Beschaffungsmethode	Einkauf	Mindestbestand	
Dispositionsmethodencode	BEDARF	Meldebestand	
Kreditorennr.	44001	Bestellmenge	
Kred.-Artikelnr.	390601	Höchstbestand	
Sicherheitszeit		Bestellzyklus	
Beschaffungszeit			
durchschnittl. Verbrauch pro Tag			

Artikel | Verkauf | Einkauf | Funktion | Hilfe

b)

Ermitteln Sie den Meldebestand grafisch. Kennzeichnen Sie dabei folgende Größen:

- den Höchstbestand (HöB)
- den Mindestbestand (MiB)
- den Meldebestand (MeB)
- die Bestellmenge (BM)
- den Bestellzeitpunkt (BZP)
- die Sicherheitszeit (SiZ).

Beginnen Sie zum Zeitpunkt „0“ mit dem Höchstbestand.

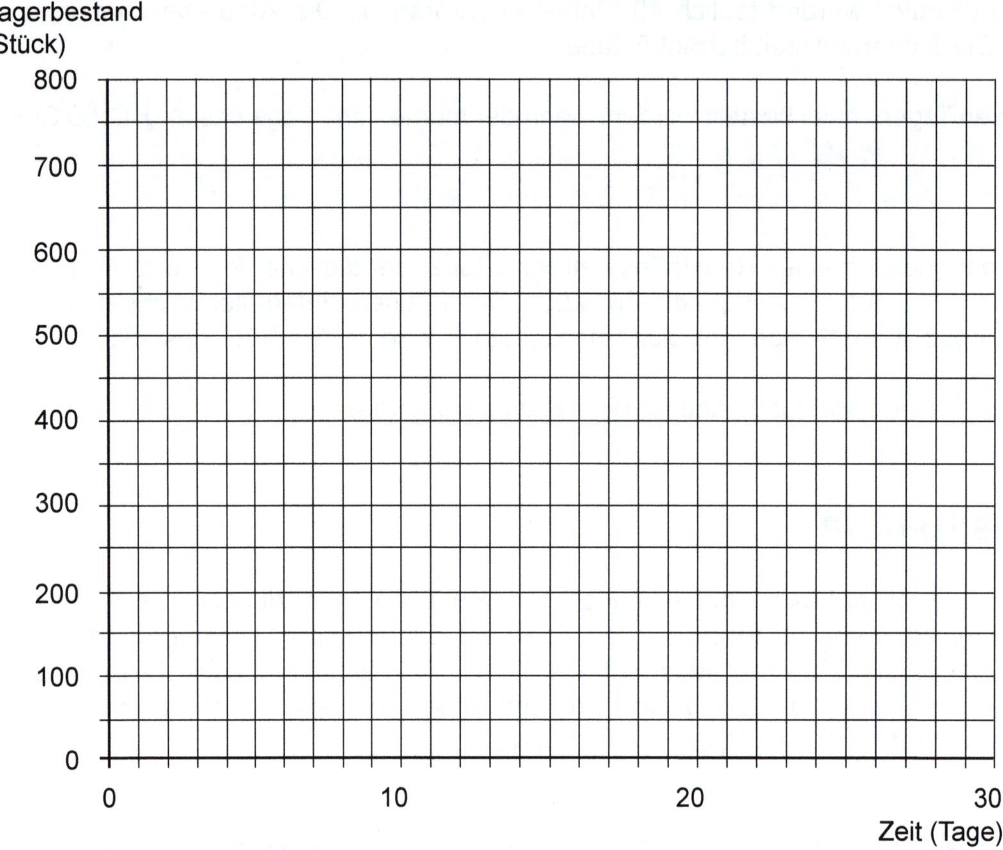

c) Am 11. Tag benachrichtigt uns der Lieferant, dass sich die Lieferzeit aufgrund eines Streiks um 3 Tage verzögert. Ab dem 12. Tag steigt der Verbrauch an Fahrradpedalen aufgrund eines Zusatzauftrages auf 70 Stück pro Tag. Ermitteln Sie unter diesen Umständen den Lagerbestand an Fahrradpedalen nach 13 Tagen.

d) Die Disposition wird vom Bestellpunkt- auf das Bestellrhythmusverfahren umgestellt. Der Bestand an Fahrradpedalen wird jeweils im Abstand von 5 Tagen überprüft, erstmalig am Ende des 5. Tages. Ermitteln Sie, wann zum ersten Mal bestellt werden muss, damit der Mindestbestand nicht unterschritten wird.

Lösungen

1. Wissensfragen

1.1 Lernfragen

1. Einteilung durch XYZ-Analyse

2. Der Verbrauch muss konstant sein; eine fortlaufende Bestandsführung ist nötig (EDV); die Lieferzeit muss bekannt sein.

3. Die Sicherheitszeit beschreibt den Zeitraum, innerhalb dessen der Sicherheitsbestand den Verbrauch deckt: Sicherheitszeit = Sicherheitsbestand / Tagesverbrauch

4. Der Meldebestand umfasst den Sicherheitsbestand und zusätzlich die Menge, die für den Verbrauch während der Lieferzeit notwendig ist: Meldebestand = Tagesverbrauch · Beschaffungszeit + Sicherheitsbestand

5.

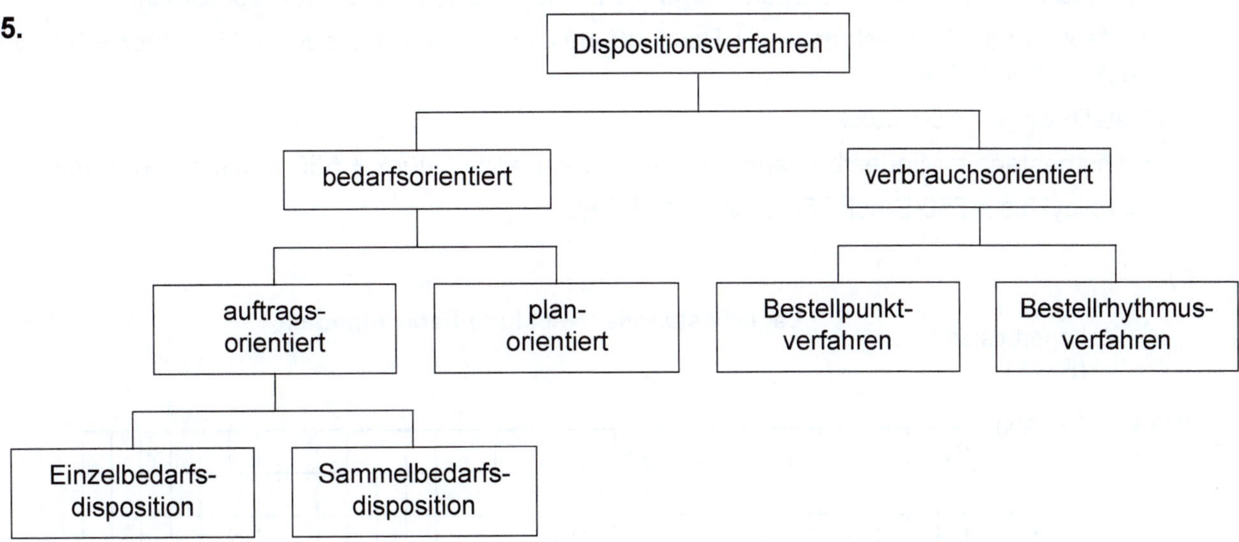

2. Rechenaufgaben

2.1

a) Berechnung des Mindestbestandes: 5 · 1.200 Stück = 6.000 Stück

Verbrauch während der Lieferdauer und der Wareneingangskontrolle: 16 · 1.200 Stück = 19.200 Stück

Meldebestand: 6.000 Stück + 19.200 Stück = **25.200 Stück**

b) Bestellmenge = Höchstbestand - Mindestbestand = 40.000 Stück - 6.000 Stück = **34.000 Stück**

2.2

Mindestbestand = 5 · 40 = 200 Stück

Meldebestand = 10 · 40 + 200 = 600 Stück

Zeit bis Meldebestand erreicht ist: 1.160 - 600 = 560 Stück; 560 Stück reichen für 14 Tage

In **14 Tagen** muss bestellt werden.

2.3

Sicherheitsbestand bei alten Bedingungen: 560 - 8 · 40 = 240 Stück

Meldebestand neu: (240 - 20) + 40 · 6 = **460 Stück**

3. Fallsituation

C

a) Sicherheitszeit = 5 Tage

Beschaffungszeit = 5 Tage

Durchschnittlicher Verbrauch pro Tag = 50 Stück

Mindestbestand = Sicherheitszeit · Tagesverbrauch = 5 t · 50 Stück/t = 250 Stück

Meldebestand = Mindestbestand + Beschaffungszeit · Tagesverbrauch = 250 Stück + 5 t · 50 Stück/t = 500 Stück

Bestellmenge = 550 Stück

Höchstbestand = Mindestbestand + Bestellmenge = 250 Stück + 550 Stück = 800 Stück

Bestellzyklus = 550 Stück / 50 Stück/t = 11 Tage

b)

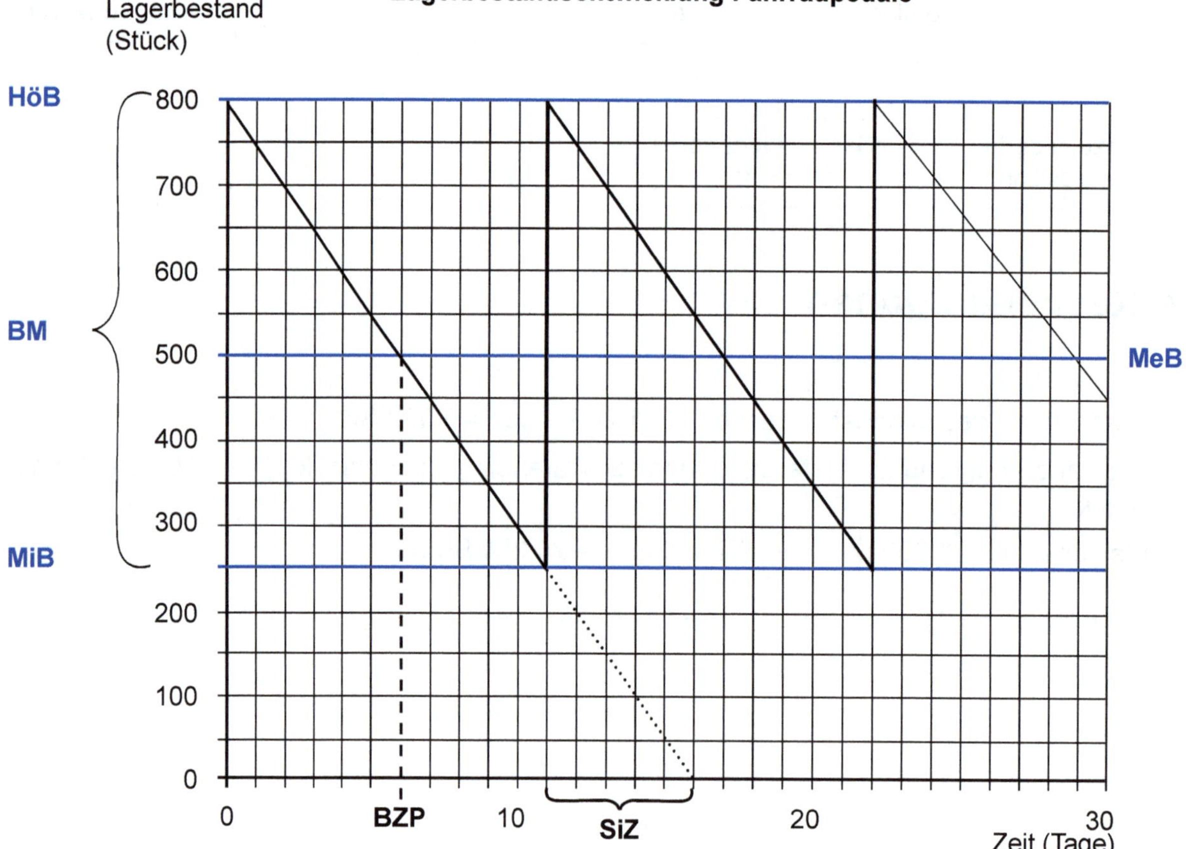

c) Lagerbestand Tag 13 = 250 Stück - 2 t · 70 Stück/t = 110 Stück

d) Erste Bestandskontrolle am Tag 5:

Bestand = 550 Stück

Der Meldebestand ist noch nicht erreicht.

Zweite Bestandskontrolle am Tag 10:

Der Bestand wäre ohne vorherige Bestellung bei 300 Stück, der Meldebestand somit unterschritten.

Um zu vermeiden, dass der Mindestbestand angegriffen wird, muss bereits am Tag 5 bestellt werden.

4. Optimale Bestellmenge

Was muss ich für die Prüfung wissen?

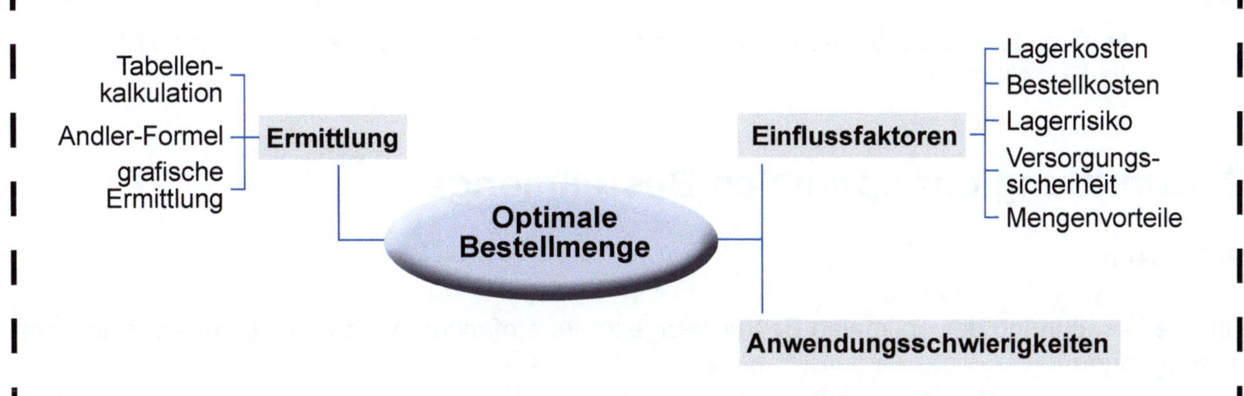

1. Einflussfaktoren der Bestellmengenermittlung

Folgende Faktoren können auf die Ermittlung der optimalen Bestellmenge Einfluss nehmen:

Einflussfaktor	Erläuterung	Zusammenhang
Lagerkosten	Alle Kosten der Lagerhaltung (Einlagerung, Lagerpflege, Lagerverwaltung etc.) sowie die Lagerzinsen auf das in den Lagerbeständen gebundene Kapital	Je höher die Bestellmenge, umso höher ist der durchschnittliche Lagerbestand und umso höher sind die Lagerkosten.
Lagerrisiko	Wert- bzw. mengenmäßige Materialverluste durch Schwund, Verderb, Diebstahl, Sachschäden, technische Veralterung etc.	Je höher die Bestellmenge, umso höher ist der durchschnittliche Lagerbestand und umso höher sind die durch den Eintritt von Lagerrisiken entstehenden Verluste.
Bestellfixe Kosten (Bestellkosten)	Kosten, die für die Abwicklung eines Bestellvorgangs anfallen (Bestellung durchführen, Liefertermin überwachen, Warenannahme etc.)	Je höher die Bestellmenge, umso weniger oft muss bestellt werden und umso niedriger ist die Summe der Bestellkosten.
Versorgungs-sicherheit	Die Versorgung der Produktion mit dem benötigten Material soll gewährleistet sein.	Je höher die Bestellmenge, umso höher ist der durchschnittliche Lagerbestand und umso höher ist die Versorgungssicherheit.
Mengenvorteile	Höhere Bestellmengen ermöglichen i. d. R. günstigere Konditionen beim Einkauf und Transport (Mengenrabatte etc.).	Je höher die Bestellmenge, umso größer ist die Kostenersparnis, die sich durch Mengenvorteile realisieren lässt.

Bei der Ermittlung der optimalen Bestellmenge werden nicht alle diese Einflussfaktoren rechnerisch berücksichtigt. Das Lagerrisiko ist nur schwer kalkulierbar und der Eintritt der Risiken ungewiss. Die Versorgungssicherheit kann durch eine optimierte Logistik auch bei niedrigen Bestellmengen weitestgehend gewährleistet werden. Auch Mengenvorteile können bei niedrigen Bestellmengen,

z. B. durch den Abschluss von Rahmenverträgen, genutzt werden. In das Modell zur Ermittlung der optimalen Bestellmenge werden deshalb lediglich die Lagerkosten und die Bestellkosten als entscheidungsrelevante Faktoren einbezogen.

Je höher die Bestellmenge, umso höher sind die Lagerkosten und umso niedriger sind die Bestellkosten.

Je niedriger die Bestellmenge, umso niedriger sind die Lagerkosten und umso höher sind die Bestellkosten.

2. Ermittlung der optimalen Bestellmenge

Prämissen

Um die Berechnung der optimalen Bestellmenge zu vereinfachen, wird von folgenden Prämissen ausgegangen:

- Es liegt ein kontinuierlicher Materialverbrauch vor. Der durchschnittliche Lagerbestand kann demnach mit der halben Bestellmenge (zuzüglich eines evtl. vorhandenen Mindestbestandes) veranschlagt werden.
- Der Einstandspreis ist unabhängig von der Bestellmenge stets gleich hoch.
- Für die Entscheidung werden nur die Bestellkosten und Lagerkosten herangezogen.

Die optimale Bestellmenge ist die Bestellmenge, bei der die Summe aus Lagerkosten und Bestellkosten am geringsten ist.

Tabellarische Ermittlung der optimalen Bestellmenge

Die Tabellenkalkulation enthält folgende Größen:

Bestell-häufigkeit	Bestell-menge	Bestell-kosten	Durchschnittl. Lager-bestand (Menge)	Durchschnittl. Lagerbe-stand (Wert)	Lager-kosten	Gesamt-kosten

Ermittlung der optimalen Bestellmenge mithilfe der Andler-Formel

$$\text{Optimale Bestellmenge} = \sqrt{\frac{(200 \cdot \text{Jahresbedarf} \cdot \text{bestellfixe Kosten})}{(\text{Einstandspreis} \cdot \text{Lagerkostensatz})}}$$

Grafische Ermittlung der optimalen Bestellmenge

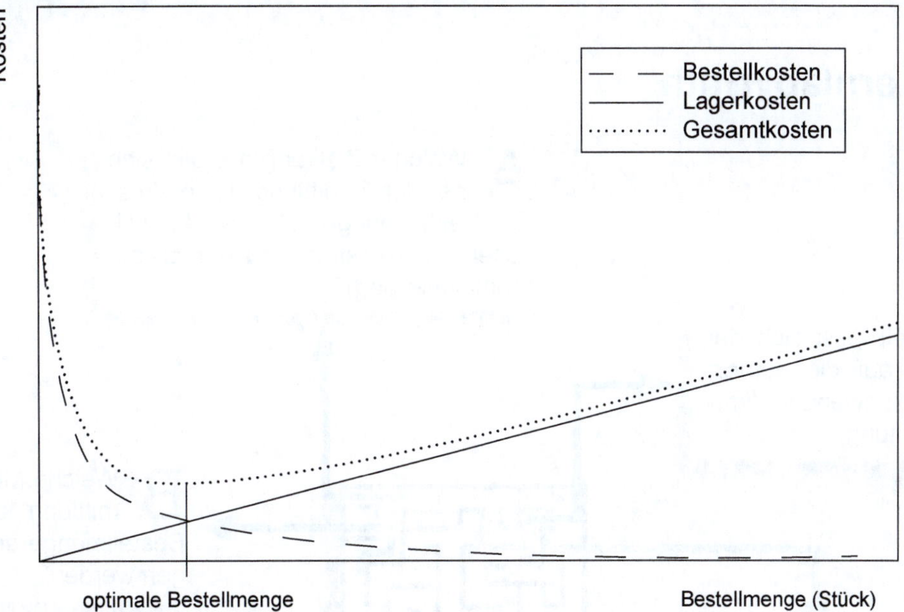

Die optimale Bestellmenge ist der Punkt, an dem die Gesamtkostenkurve ihr Minimum erreicht und sich die Lagerkostengerade mit der Bestellkostenkurve schneidet.

Was erwartet mich in der Prüfung?

1. Das Lernlabyrinth

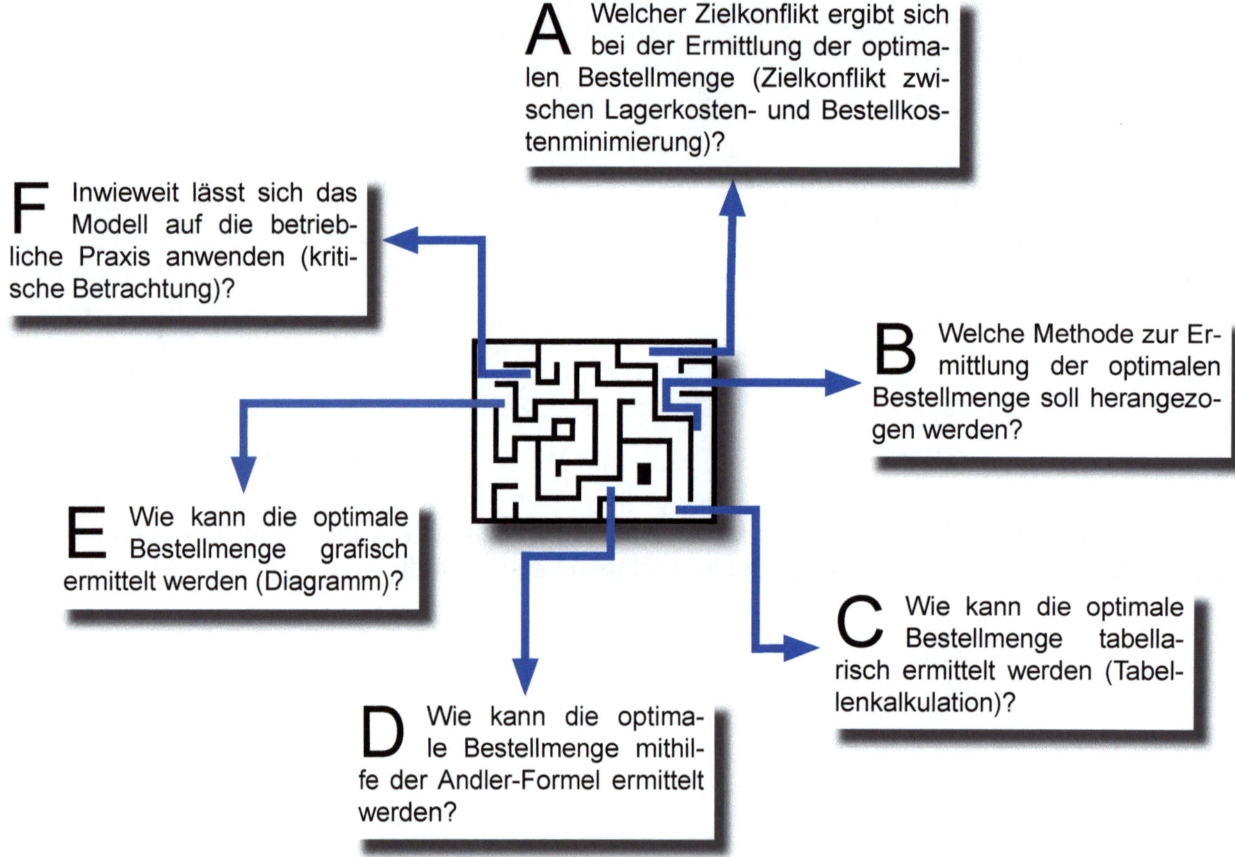

2. Wege aus dem Labyrinth

A Welcher Zielkonflikt ergibt sich bei der Ermittlung der optimalen Bestellmenge?

Was ist zu beachten?

Einerseits sollen die Lagerkosten durch niedrige Lagerbestände minimiert werden, was durch niedrige Bestellmengen erreicht wird. Andererseits sollen durch möglichst wenige Bestellungen die Bestellkosten minimiert werden, was wiederum für große Bestellmengen sprechen würde. Das Modell zur Ermittlung der optimalen Bestellmenge trägt beiden Zielsetzungen Rechnung, indem die optimale Bestellmenge dort angesetzt wird, wo die Summe aus Bestell- und Lagerkosten am geringsten ist.

B Welche Methode zur Ermittlung der optimalen Bestellmenge soll herangezogen werden?

Was ist zu beachten?

Grundsätzlich stehen folgende Methoden für die Ermittlung der optimalen Bestellmenge zur Verfügung: Tabellenkalkulation, Andler-Formel und grafische Ermittlung.

Welche Methode jeweils eingesetzt wird, kann wie folgt entschieden werden:

Kommen nur bestimmte Bestellmengen infrage (z. B. aufgrund vorgegebener Verpackungsgrößen etc.)?

⇒ Wenn ja, eignet sich die Tabellenkalkulation für die Ermittlung der optimalen Bestellmenge.

⇒ Besteht keine Eingrenzung der Bestellmenge auf vorgegebene Größen, wäre eine Tabellenkalkulation zu aufwendig, da die Tabelle für eine exakte Berechnung quasi unendlich viele Zeilen aufweisen müsste. In diesem Fall kann die Andler-Formel zur Lösung des Problems herangezogen werden. Die Andler-Formel geht davon aus, dass jede Bestellmenge möglich ist. Sie führt auf relativ schnellem Weg zum genauesten Ergebnis.

Soll der Zusammenhang zwischen Bestellmenge, Lager-, Bestell- und Gesamtkosten übersichtlich dargestellt werden?

⇒ Wenn ja, ist eine grafische Lösung sinnvoll. Es ist in einem Bild zu erkennen, wie sich die relevanten Kosten in Abhängigkeit zur Bestellmenge verändern. Die grafische Lösung dient in erster Linie zur Ergänzung der rechnerischen Lösung. Geht es um eine konkrete Ermittlung der optimalen Bestellmenge, sollte auf eine rechnerische Lösung (Tabellenkalkulation oder Andler-Formel) nicht verzichtet werden, da die grafische Lösung zeichnerische Ungenauigkeiten aufweisen kann.

C Wie kann die optimale Bestellmenge tabellarisch ermittelt werden?

Bevor mit der Tabellenkalkulation begonnen werden kann, sind folgende Aspekte zu prüfen:

- Sind die Prämissen für die Anwendung der Tabellenkalkulation erfüllt?

⇒ kontinuierlicher Lagerabgang (konstanter Verbrauch), konstante Einstandspreise

Unterliegt z. B. der Materialverbrauch starken Schwankungen, wird die Berechnung des durchschnittlichen Lagerbestandes so kompliziert, dass eine Lösung des Problems über eine standardisierte Tabellenkalkulation nicht mehr sinnvoll ist.

Nun kann die Tabelle angelegt werden. Dabei sind folgende Schritte zu beachten:

- Welche Spalten soll die Tabelle haben?

⇒ Ziel ist es, die Gesamtkosten in Abhängigkeit zur Bestellmenge zu ermitteln. Die Gesamtkosten setzen sich aus den Bestellkosten und den Lagerkosten zusammen. Für die Berechnung der Lagerkosten benötigt man den durchschnittlichen Lagerbestand in Stück und Euro.

Wie berechnet man die Werte?

Bestell-häufig-keit	Bestell-menge	Bestell-kosten	Durch-schnittl. Lager-bestand (Menge)	Durch-schnittl. Lagerbe-stand (Wert)	Lager-kosten	Gesamt-kosten
	= Jahres-bedarf / Bestell-häufig-keit	= Bestell-häufigkeit · bestellfixe Kosten	= Bestell-menge / 2	= Durch-schnittl. La-gerbestand (Menge) · Einstands-preis	= Durch-schnittl. LB (Wert) · Lagerkos-tensatz	= Bestell-kosten + Lagerkos-ten

Prüfen Sie, ob alle für die Berechnung notwendigen Daten gegeben sind. Fehlende Daten können eventuell indirekt aus der Angabe abgeleitet werden.

Fallbeispiel:

Der Jahresbedarf für einen Artikel beträgt 6.000 Stück. Es wird ein konstanter Verbrauch unterstellt. Ein Sicherheitsbestand ist nicht vorgesehen. Es stehen ferner folgende Informationen zur Verfügung:

Einstandspreis pro Stück: 9,60 €
Bestellfixe Kosten je Bestellung: 300,00 €
Lagerkostensatz: 15 %
Mindestbestellmenge: 1.000 Stück

Tabellarische Ermittlung der optimalen Bestellmenge:

Bestell-häufig-keit pro Jahr	Bestell-menge (Stück)	Bestell-kosten pro Jahr	Durch-schnittl. Lagerbe-stand in Stück	Durch-schnittl. Lagerbe-stand in €	Lager-kosten pro Jahr	Gesamt-kosten pro Jahr
1	6.000	300,00 €	3.000	28.800,00 €	4.320,00 €	4.620,00 €
2	3.000	600,00 €	1.500	14.400,00 €	2.160,00 €	2.760,00 €
3	2.000	900,00 €	1.000	9.600,00 €	1.440,00 €	2.340,00 €
4	**1.500**	**1.200,00 €**	**750**	**7.200,00 €**	**1.080,00 €**	**2.280,00 €**
5	1.200	1.500,00 €	600	5.760,00 €	864,00 €	2.364,00 €
6	1.000	1.800,00 €	500	4.800,00 €	720,00 €	2.520,00 €

Die optimale Bestellmenge liegt bei 1.500 Stück, das entspricht einer Bestellhäufigkeit von 4 Bestellungen pro Jahr.

Als praktische Hilfe für die tabellarische Ermittlung der optimalen Bestellmenge können Tabellenkalkulationsprogramme (z. B. MS Excel) verwendet werden.

Nicht immer sind einzelne Daten unmittelbar gegeben!

Es ist zu überlegen, ob sich die fehlenden Größen indirekt aus den Angaben ermitteln lassen.

Beispiel:
Der Einstandspreis ist nicht gegeben. Es steht jedoch folgende Information zur Verfügung: Lagerbestand = 3.000 Stück, wertmäßiger Lagerbestand = 28.800,00 €

Daraus ergibt sich ein Einstandspreis von 28.800,00 € / 3.000 Stück = 9,60 € pro Stück

Die Daten können sich auf unterschiedliche Zeiträume beziehen!

Beispiel:
Die Bestellhäufigkeit bezieht sich auf 1 Jahr, der Bedarf bezieht sich auf 1 Monat. Der Bedarf ist nun auf das gesamte Jahr hochzurechnen: Monatlicher Bedarf = 500 Stück, Jahresbedarf = 12 · 500 Stück = 6.000 Stück

Ein Mindestbestand ist evtl. einzuplanen!

In diesem Fall ändert sich die Berechnung des durchschnittlichen Lagerbestandes. Der durchschnittliche Lagerbestand (Bestellmenge/2) erhöht sich jeweils um den Mindestbestand.

Beispiel:
Mindestbestand 200 Stück

Bei einer Bestellmenge von 6.000 Stück ergibt sich ein durchschnittlicher Lagerbestand von 3.000 Stück + 200 Stück = 3.200 Stück

D Wie kann die optimale Bestellmenge mithilfe der Andler-Formel ermittelt werden?

Was ist zu beachten?

- Prüfen Sie, ob die Prämissen eingehalten und die erforderlichen Daten gegeben sind (siehe C).

  Fallbeispiel (siehe C)

  $$\text{Optimale Bestellmenge} = \sqrt{\frac{(200 \cdot 6.000 \text{ Stück} \cdot 300{,}00 \text{ €})}{(9{,}60 \text{ €/Stück} \cdot 15)}}$$

  $$= 1.581{,}14 \text{ Stück (gerundet 1.581 Stück)}$$

  Warum stimmen die tabellarische Lösung und die Lösung (1.500 Stück) nach der Andler-Formel (1.581 Stück) nicht überein? Die Ursache liegt darin, dass die Tabellenkalkulation nur bestimmte Bestellmengen, die Andler-Formel hingegen jede Bestellmenge zulässt.

- Vorsicht bei der Eingabe in den Taschenrechner! Es empfiehlt sich, erst den Zähler, dann den Nenner auszurechnen und erst am Schluss die Wurzel zu ziehen.

E Wie kann die optimale Bestellmenge grafisch ermittelt werden?

Auf Basis der Daten aus dem Fallbeispiel lässt sich folgendes Diagramm erstellen:

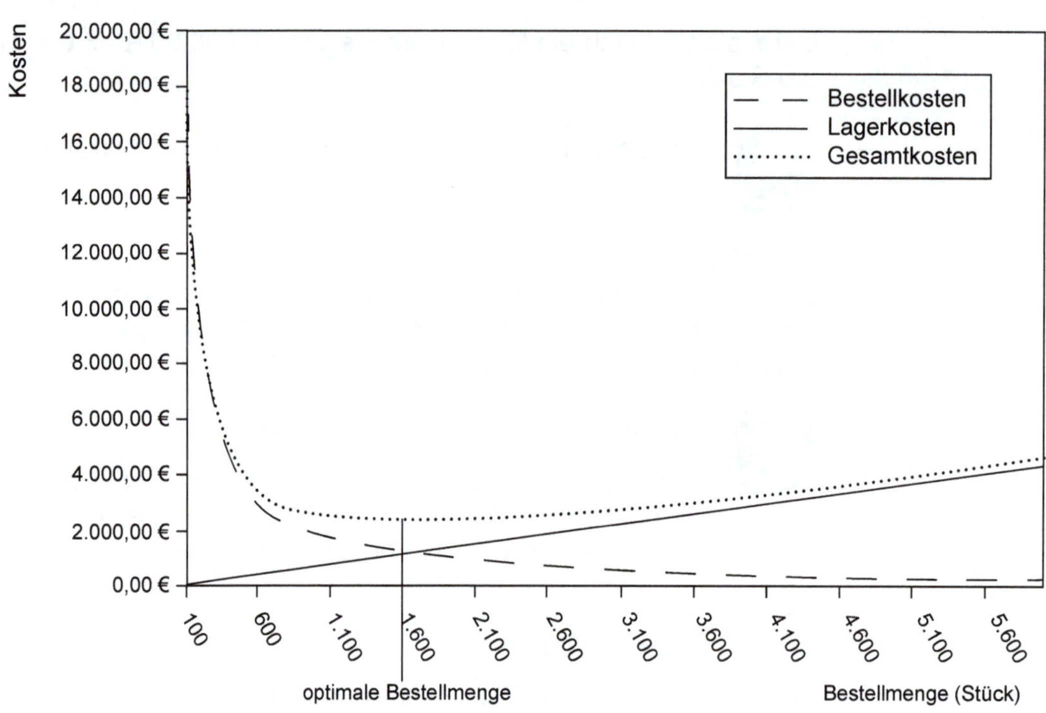

Was ist zu beachten?

- Achsen benennen (Kosten, Bestellmenge), skalieren und mit einer Einheit (€, Stück) versehen
- Kurven beschriften (Bestellkosten, Lagerkosten, Gesamtkosten)
  Um die Kurven einzuzeichnen, kann auf die Werte der Tabellenkalkulation bzw. Formelberechnung zurückgegriffen werden.
- Um die optimale Bestellmenge zu finden, ist vom niedrigsten Punkt der Gesamtkostenkurve eine Senkrechte auf die Mengenachse zu ziehen. (Sofern kein Mindestbestand zu berücksichtigen ist, entspricht das Gesamtkostenminimum dem Schnittpunkt von Lager- und Bestellkosten.)

F Inwieweit lässt sich das Modell auf die betriebliche Praxis übertragen?

Das Modell zur Ermittlung der optimalen Bestellmenge lässt sich nur eingeschränkt auf die betriebliche Praxis übertragen. Insbesondere folgende Punkte erschweren die praktische Anwendung:

- Der Jahresbedarf ist in der Praxis nicht immer vorhersehbar.
- Es liegt in der Praxis zumeist kein kontinuierlicher, sondern ein mehr oder weniger stark schwankender Materialverbrauch vor.
- Realisierbare Mengenvorteile (Mengenrabatte etc.) bleiben im Modell unberücksichtigt.
- Die Versorgungssicherheit spielt im Modell keine Rolle.

So trainiere ich für die Prüfung

Aufgaben

1. Wissensfragen

1.1 Lernfragen

1. Nennen Sie fünf Faktoren, die auf die optimale Bestellmenge Einfluss nehmen können.
2. Erläutern Sie einen sich bei der Ermittlung der optimalen Bestellmenge ergebenden Zielkonflikt.
3. Erklären Sie das Verhalten der Lagerkosten in Abhängigkeit von der Bestellmenge.
4. Erklären Sie das Verhalten der Bestellkosten in Abhängigkeit von der Bestellmenge.
5. Erläutern Sie, wie sich die Einführung eines Mindestbestandes auf die Lagerkosten auswirkt.
6. Erläutern Sie, wie sich die Einführung eines Mindestbestandes auf die optimale Bestellmenge auswirkt.
7. Geben Sie die Formel an, mit deren Hilfe sich die optimale Bestellmenge ermitteln lässt. Es wird vorausgesetzt, dass es in Bezug auf die Bestellmenge keine Einschränkungen gibt.
8. Führen Sie zwei Gründe dafür an, warum das Modell zur Ermittlung der optimalen Bestellmenge in der betrieblichen Praxis nicht uneingeschränkt angewendet werden kann.

1.2 Mehrfachauswahl

Kreuzen Sie eine oder mehrere richtige Lösungen an:

1. Welche Auswirkung hat die Senkung der Bestellhäufigkeit?
   a) Die Bestellmenge sinkt.
   b) Die bestellfixen Kosten pro Bestellung erhöhen sich.
   c) Die Bestellkosten pro Jahr steigen.
   d) Die Lagerkosten sinken.
   e) Die Lagerkosten steigen.

2. Welche Auswirkung hat eine Anhebung des Lagerkostensatzes auf die Ermittlung der optimalen Bestellmenge mithilfe der Andler-Formel?
   a) Die optimale Bestellmenge ist höher als vorher.
   b) Die optimale Bestellmenge ist niedriger als vorher.
   c) Die optimale Bestellmenge bleibt unverändert.
   d) Die Lagerkosten steigen, die Bestellkosten sinken.
   e) Lagerkosten und Bestellkosten steigen in gleichem Maße.

3. Wodurch kann eine Erhöhung der optimalen Bestellmenge verursacht werden?

a) Der Einstandspreis sinkt.
b) Der Einstandspreis steigt.
c) Der Mindestbestand erhöht sich.
d) Die bestellfixen Kosten pro Bestellung nehmen ab.
e) Die bestellfixen Kosten pro Bestellung steigen.

4. Welche Formel berechnet die Lagerkosten unter der Annahme eines kontinuierlichen Materialverbrauchs, wenn kein Mindestbestand gegeben ist?

a) Einstandspreis · Bestellmenge · Lagerkostensatz
b) Durchschnittlicher Lagerbestand (Menge) · Lagerkostensatz
c) Durchschnittlicher Lagerbestand (Menge) · Einstandspreis
d) 0,5 · Bestellmenge · Einstandspreis · Lagerkostensatz
e) (Bestellmenge/2) · Lagerkostensatz.

5. Welche Prämissen sind für das Modell zur Ermittlung der optimalen Bestellmenge nicht notwendig?

a) Kontinuierlicher Materialverbrauch
b) Konstante Bestellhäufigkeit
c) Fixe Lagerkosten
d) Feste, von der Bestellmenge unabhängige Einstandspreise
e) Fixe Bestellkosten pro Bestellung.

2. Fallsituationen

2.1 Fall 1

Für einen Artikel soll die optimale Bestellmenge ermittelt werden. Es sind folgende Daten bekannt:

Jahresbedarf 60.000 Stück
Lagerkostensatz 11 %
Die bestellfixen Kosten betragen 220,00 € pro Bestellung. Es wird von einem kontinuierlichen Materialverbrauch ausgegangen. Ein Mindestbestand ist nicht eingeplant.

a) Zur Ermittlung der optimalen Bestellmenge wird zunächst eine Tabellenkalkulation durchgeführt. Berechnen und ergänzen Sie die fehlenden Zahlen in der Tabelle:

Bestellhäufigkeit	Bestellmenge pro Jahr (Stück)	Bestellkosten pro Jahr	Durchschnittl. Lagerbestand in Stück	Durchschnittl. Lagerbestand in €	Lagerkosten pro Jahr	Gesamtkosten pro Jahr
1	60.000	220,00 €	30.000	39.000,00 €	4.290,00 €	
2	30.000		15.000	19.500,00 €	2.145,00 €	
3		660,00 €	10.000	13.000,00 €	1.430,00 €	
4	15.000	880,00 €	7.500		1.072,50 €	
5	12.000	1.100,00 €		7.800,00 €	858,00 €	

b) Wo liegt gemäß der Tabellenkalkulation die optimale Bestellmenge?

c) Ermitteln Sie die optimale Bestellmenge exakter mithilfe der Andler-Formel.

d) Erklären Sie die Ergebnisabweichung zwischen der tabellarischen Ermittlung und der Berechnung über die Andler-Formel.

e) Die optimale Bestellmenge soll nun grafisch ermittelt werden. Beschriften Sie die beiden Kurven; zeichnen Sie die Lagerkosten ein und kennzeichnen Sie die optimale Bestellmenge:

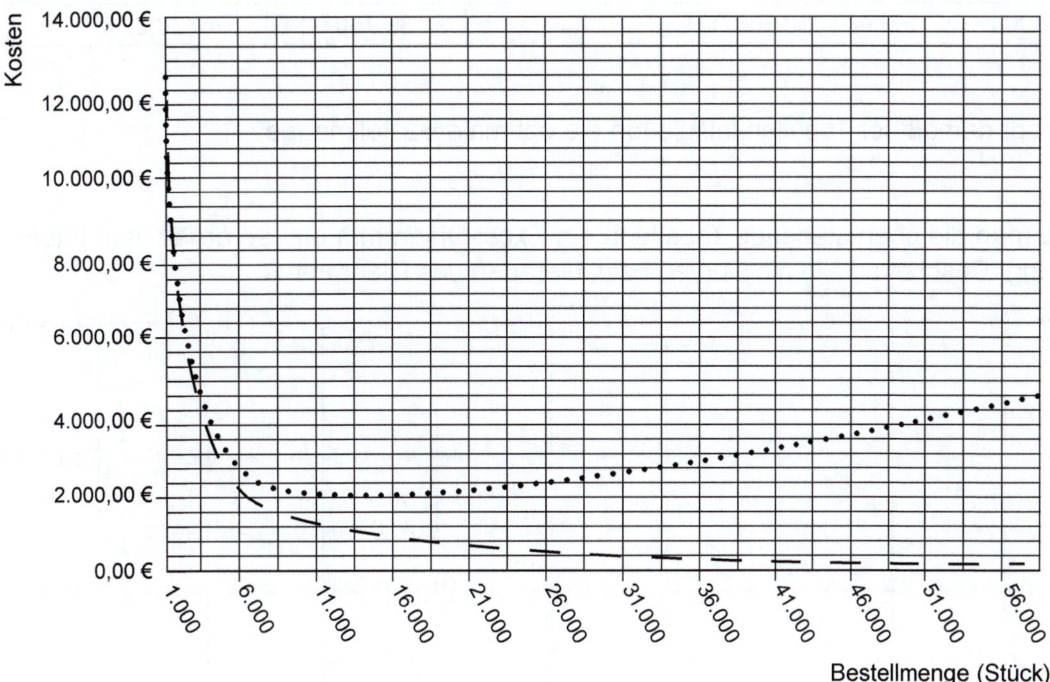

f) Ein neuer Mitarbeiter in der Disposition freut sich über die ermittelten Ergebnisse: „Prima, jetzt bestellen wir zukünftig immer exakt die eben ermittelte optimale Bestellmenge!" Was halten Sie dem neuen Disponenten entgegen?

2.2 Fall 2

Die Artikelkarte eines für die Fertigung benötigten Fremdbauteils weist folgende Daten auf:

Prognostizierter Bedarf pro Quartal: 25.000 Stück
Bezugspreis: 26,50 € pro Stück
Mindestbestand: 1.000 Stück
Es wird von einem konstanten Tagesverbrauch ausgegangen.
Die bestellfixen Kosten werden mit 180,00 € kalkuliert. Der Lagerkostensatz beträgt 12 %.

a) Mithilfe folgender Tabellenkalkulation soll die optimale Bestellmenge ermittelt werden. Berechnen und ergänzen Sie die fehlenden Zahlen in der Tabelle:

Bestell-menge (Stück)	Bestell-häufigkeit pro Jahr	Bestell-kosten pro Jahr	Durchschnittl. Lagerbestand in Stück	Durchschnittl. Lagerbestand in €	Lager-kosten pro Jahr	Gesamt-kosten pro Jahr
10.000		1.800,00 €		159.000,00 €	19.080,00 €	20.880,00 €
9.000	11,11	2.000,00 €		145.750,00 €	17.490,00 €	19.490,00 €
8.000	12,50	2.250,00 €		132.500,00 €	15.900,00 €	18.150,00 €
7.000	14,29	2.571,43 €		119.250,00 €	14.310,00 €	16.881,43 €
6.000	16,67	3.000,00 €		106.000,00 €	12.720,00 €	15.720,00 €
5.000	20,00	3.600,00 €			11.130,00 €	14.730,00 €
4.000	25,00	4.500,00 €		79.500,00 €	9.540,00 €	14.040,00 €
3.000	33,33	6.000,00 €		66.250,00 €	7.950,00 €	13.950,00 €
2.000	50,00	9.000,00 €		53.000,00 €		15.360,00 €
1.000	100,00	18.000,00 €		39.750,00 €	4.770,00 €	

b)

Wo liegt gemäß der Tabellenkalkulation die optimale Bestellmenge?

c)

Setzt man die oben stehende Tabelle in ein Excel-Diagramm um, so erhält man folgende Darstellung. Beschriften Sie die Kurven bzw. Geraden des Diagramms:

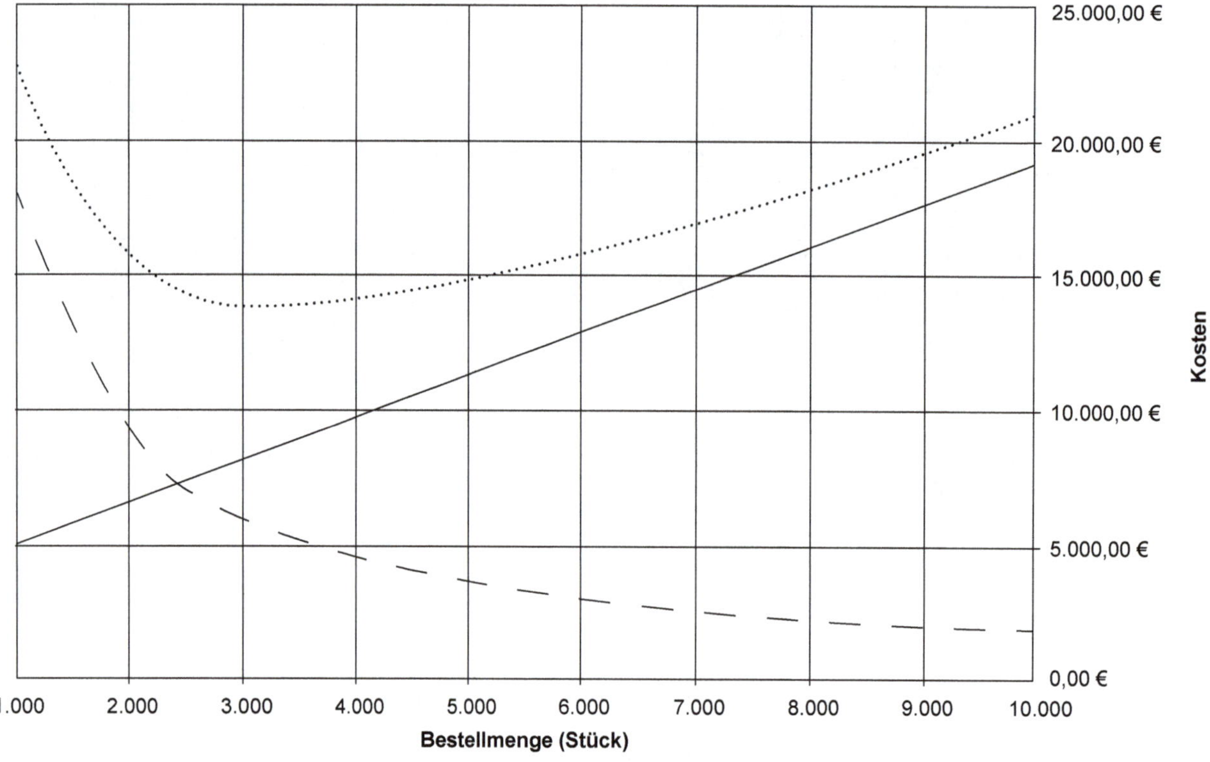

d)

Warum entspricht die optimale Bestellmenge hier nicht dem Punkt, an dem sich Lagerkosten und Bestellkosten schneiden?

e)

Durch die Einführung eines neuen Lagerverwaltungssystems können Lagerhaltungskosten eingespart werden. Wie wirkt sich diese Maßnahme tendenziell auf die optimale Bestellmenge aus? Begründen Sie Ihre Antwort.

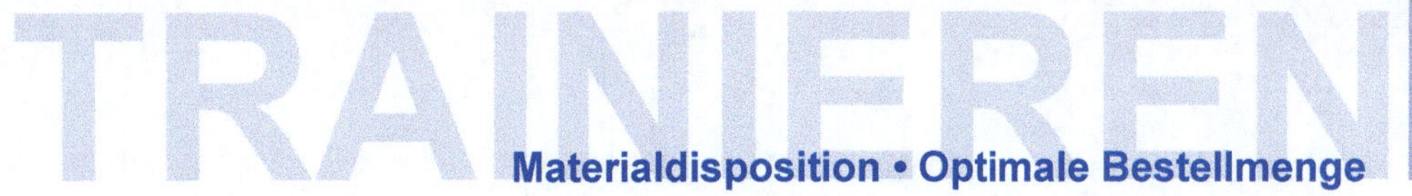

Lösungen

1. Wissensfragen

1.1 Lernfragen

1. Lagerkosten, Lagerrisiko, Bestellkosten, Mengenvorteile, Versorgungssicherheit

2. Die Ziele Lagerkostenminimierung und Bestellkostenminimierung stehen in Konflikt zueinander. Niedrige Lagerkosten erfordern einen niedrigen Lagerbestand und somit kleine Bestellmengen; niedrige Bestellkosten erreicht man durch wenige Bestellungen, d. h. durch hohe Bestellmengen.

3. Erhöht sich die Bestellmenge, erhöht sich der durchschnittliche Lagerbestand und somit steigen auch die Lagerkosten.

4. Erhöht sich die Bestellmenge, sind weniger Bestellungen erforderlich, um den Jahresbedarf zu decken. Dadurch reduzieren sich die Bestellkosten.

5. Die Einführung eines Mindestbestandes erhöht den durchschnittlichen Lagerbestand und damit auch die Lagerkosten.

6. Die Einführung eines Mindestbestandes hat keine Auswirkung auf die optimale Bestellmenge, da sich die Lagerkosten für jede mögliche Bestellmenge um den gleichen Betrag erhöhen.

7.

$$\text{Optimale Bestellmenge} = \sqrt{\frac{(200 \cdot \text{Jahresbedarf} \cdot \text{bestellfixe Kosten})}{(\text{Einstandspreis} \cdot \text{Lagerkostensatz})}}$$

8. Z. B. keine Berücksichtigung von Mengenrabatten, kein kontinuierlicher Materialverbrauch in der betrieblichen Praxis

1.2 Mehrfachauswahl

1. e

Eine Senkung der Bestellhäufigkeit führt bei unverändertem Jahresbedarf zu einer Erhöhung der Bestellmenge und damit zu einem höheren Lagerbestand. Die Lagerkosten steigen, die Bestellkosten sinken. Auf den Mindestbestand, den Einstandspreis und die bestellfixen Kosten ergeben sich keine Auswirkungen.

2. b

Eine Anhebung des Lagerkostensatzes führt zu höheren Lagerkosten, die Bestellkosten bleiben unbeeinflusst. Innerhalb der Andler-Formel bekommt der Nenner einen größeren Wert, sodass die optimale Bestellmenge sinkt.

3. a und **e**

Ein sinkender Einstandspreis bewirkt niedrigere Lagerkosten. Bei unveränderten Bestellkosten bedeutet dies, dass die optimale Bestellmenge höher ist als vorher.

Ein Anstieg der bestellfixen Kosten bedeutet, dass sich die Bestellkosten erhöhen, wodurch die optimale Bestellmenge ebenfalls steigt. Zum besseren Nachvollziehen empfiehlt sich ein Blick auf die grafische Darstellung bzw. auf die Andler-Formel.

4. d
0,5 · Bestellmenge = durchschnittlicher mengenmäßiger Lagerbestand
· Einstandspreis = durchschnittlicher wertmäßiger Lagerbestand
· Lagerkostensatz = Lagerkosten

5. b und **c**
Eine konstante Bestellhäufigkeit würde bedeuten, dass die Bestellmenge unveränderbar ist. Die Lagerkosten verändern sich in Abhängigkeit von der Bestellmenge und sind deshalb nicht fix.

2. Fallsituationen

2.1 Fall 1

C

a) Tabellenkalkulation

Bestell-häufig-keit	Bestell-menge pro Jahr (Stück)	Bestell-kosten pro Jahr	Durchschnittl. Lagerbestand in Stück	Durchschnittl. Lagerbestand in €	Lagerkosten pro Jahr	Gesamt-kosten pro Jahr
1	60.000	220,00 €	30.000	39.000,00 €	4.290,00 €	**4.510,00** €
2	30.000	**440,00** €	15.000	19.500,00 €	2.145,00 €	**2.585,00** €
3	**20.000**	660,00 €	10.000	13.000,00 €	1.430,00 €	**2.090,00** €
4	15.000	880,00 €	7.500	**9.750,00** €	1.072,50 €	**1.952,50** €
5	12.000	1.100,00 €	**6.000**	7.800,00 €	858,00 €	**1.958,00** €

Berechnung:

Bestellmenge: $\frac{60.000 \text{ Stück}}{3} = 20.000 \text{ Stück}$

Bestellkosten: 2 · 220,00 € = 440,00 €

Lagerbestand in Stück: 12.000 Stück / 2 = 6.000 Stück

Lagerbestand in €: 7.500 Stück · 1,30 €/Stück = 9.750,00 €

(Einstandspreis = $\frac{39.000,00 \text{ €}}{30.000 \text{ Stück}}$ = 1,30 €/ Stück)

Gesamtkosten = Bestellkosten + Lagerkosten

C

b)
Die optimale Bestellmenge beträgt gemäß der durchgeführten Tabellenkalkulation 15.000 Stück, da hier die Summe aus Bestell- und Lagerkosten am geringsten ist.

D

c)
Andler-Formel

Optimale Bestellmenge = $\sqrt{\frac{(200 \cdot 60.000 \text{ Stück} \cdot 220,00 \text{ €})}{(1,30 \text{ €/Stück} \cdot 11)}}$

= 13.587,32 Stück (gerundet 13.587 Stück)

d)

B

Die Tabellenkalkulation ermittelt die optimale Bestellmenge innerhalb vorgegebener Bestellmengen. Die Andler-Formel berechnet die optimale Bestellmenge unter allen denkbaren Bestellmengen und ist somit die exaktere Methode.

e)

E

Grafische Ermittlung

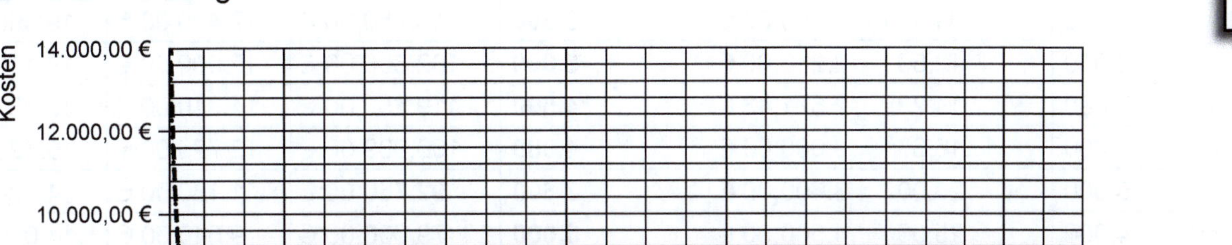

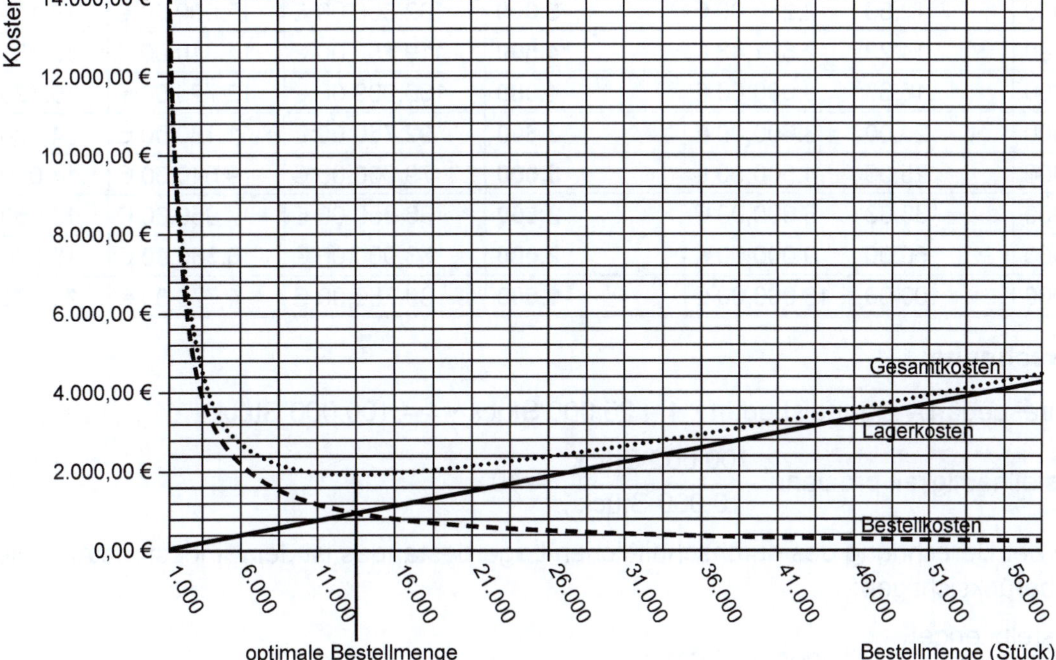

f)

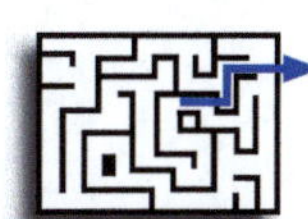

F

Die Bestellmenge wird auch noch von anderen Faktoren beeinflusst: Versorgungssicherheit, evtl. Mengenrabatte, Transportkostenersparnisse können dazu führen, dass eine höhere als die ermittelte optimale Bestellmenge realisiert wird.

Ein hohes Lagerrisiko durch Schwund, Verderb, Diebstahl, Beschädigung oder technische Veralterung der Materialien kann dazu führen, dass eine niedrigere als die optimale Bestellmenge bevorzugt wird.

Vorgegebene Verpackungseinheiten der Lieferer müssen berücksichtigt werden.

Zudem beruht das Modell auf Prämissen, die in der betrieblichen Realität so nicht gegeben sind: Das Modell unterstellt z. B. einen kontinuierlichen Verbrauch. Schwankt der Verbrauch in der Praxis, ist die im Modell ermittelte optimale Bestellmenge nicht mehr exakt anwendbar. Ähnliches gilt für den Jahresbedarf, der oft nicht genau prognostiziert werden kann.

Insgesamt bildet die optimale Bestellmenge nur eine Richtgröße, an der man sich bei der Festlegung der konkreten Bestellmengen nach wirtschaftlichen Gesichtspunkten orientieren kann.

2.2 Fall 2

C

a) Tabellenkalkulation

Bestell-menge (Stück)	Bestell-häufigkeit pro Jahr	Bestell-kosten pro Jahr	Durchschnittl. Lagerbestand in Stück	Durchschnittl. Lagerbestand in €	Lager-kosten pro Jahr	Gesamt-kosten pro Jahr
10.000	**10**	1.800,00 €	**6.000**	159.000,00 €	19.080,00 €	20.880,00 €
9.000	11,11	2.000,00 €	**5.500**	145.750,00 €	17.490,00 €	19.490,00 €
8.000	12,50	2.250,00 €	**5.000**	132.500,00 €	15.900,00 €	18.150,00 €
7.000	14,29	2.571,43 €	**4.500**	119.250,00 €	14.310,00 €	16.881,43 €
6.000	16,67	3.000,00 €	**4.000**	106.000,00 €	12.720,00 €	15.720,00 €
5.000	20,00	3.600,00 €	**3.500**	**92.750,00** €	11.130,00 €	14.730,00 €
4.000	25,00	4.500,00 €	**3.000**	79.500,00 €	9.540,00 €	14.040,00 €
3.000	33,33	6.000,00 €	**2.500**	66.250,00 €	7.950,00 €	13.950,00 €
2.000	50,00	9.000,00 €	**2.000**	53.000,00 €	**6.360,00** €	15.360,00 €
1.000	100,00	18.000,00 €	**1.500**	39.750,00 €	4.770,00 €	**22.770,00** €

Berechnung:

Jahresbedarf = Quartalsbedarf · 4 = 25.000 Stück · 4 = 100.000 Stück

Bestellhäufigkeit pro Jahr: $\frac{100.000 \text{ Stück}}{10.000 \text{ Stück}} = 10$

Bei der Berechnung des durchschnittlichen Lagerbestandes ist der Mindestbestand wie folgt zu berücksichtigen:

$\frac{\text{Bestellmenge}}{2} + \text{Mindestbestand}$

Durchschnittlicher Lagerbestand in €: 3.500 Stück · 26,50 € = 92.750,00 €

Lagerkosten: 53.000,00 € · 12 % = 6.360,00 €

Gesamtkosten: 18.000,00 € + 4.770,00 € = 22.770,00 €

C

b)

Die optimale Bestellmenge liegt gemäß der durchgeführten Tabellenkalkulation bei 3.000 Stück (Gesamtkostenminimum).

E

c) Diagramm

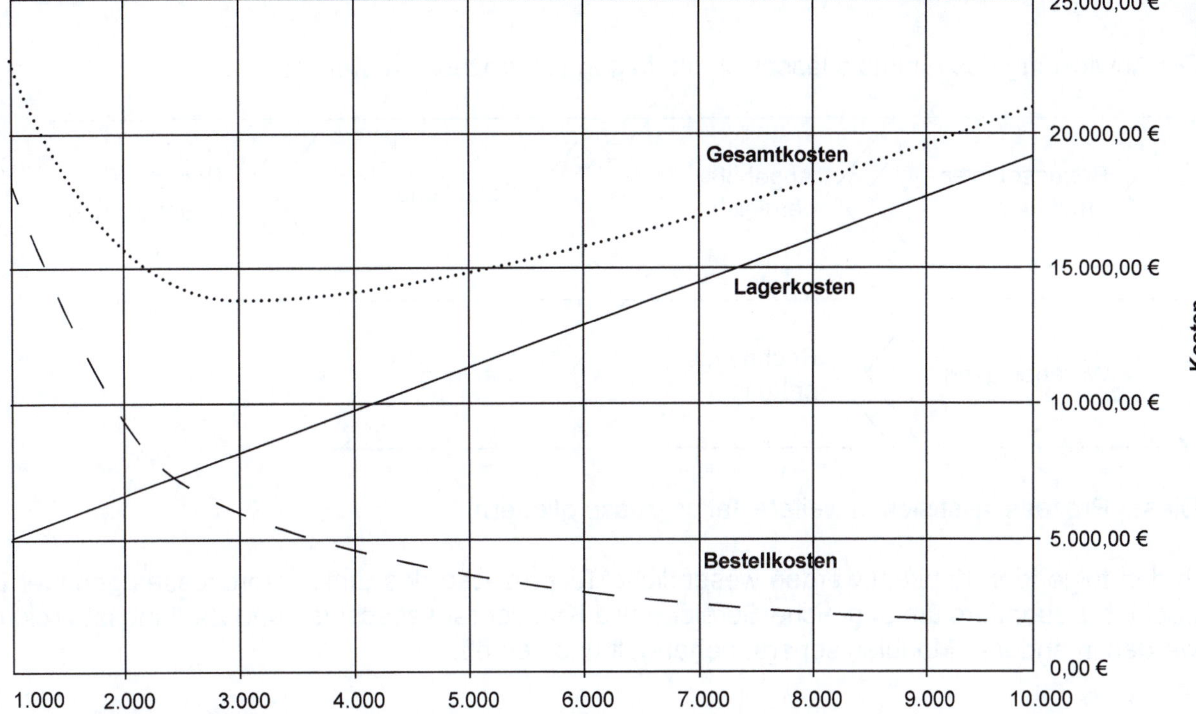

d)

Durch die Hereinnahme eines Mindestbestandes von 1.000 Stück verschiebt sich die Lagerkostengerade nach oben. Der Schnittpunkt der Lagerkosten mit den Bestellkosten verschiebt sich dadurch nach links. Die Gesamtkostenkurve verschiebt sich nach oben, die gesamtkostenminimale Bestellmenge (= optimale Bestellmenge) bleibt unverändert.

E

e)

Die Maßnahme führt zu einer Senkung des Lagerkostensatzes. Die Lagerkosten sinken (geringere Steigung der Lagerkostengerade im Diagramm). Das Gesamtkostenminimum verschiebt sich in Richtung rechts unten, und die optimale Bestellmenge steigt.

E

III. Einkaufsprozesse

Die Abwicklung des Einkaufs lässt sich als folgender Prozess darstellen:

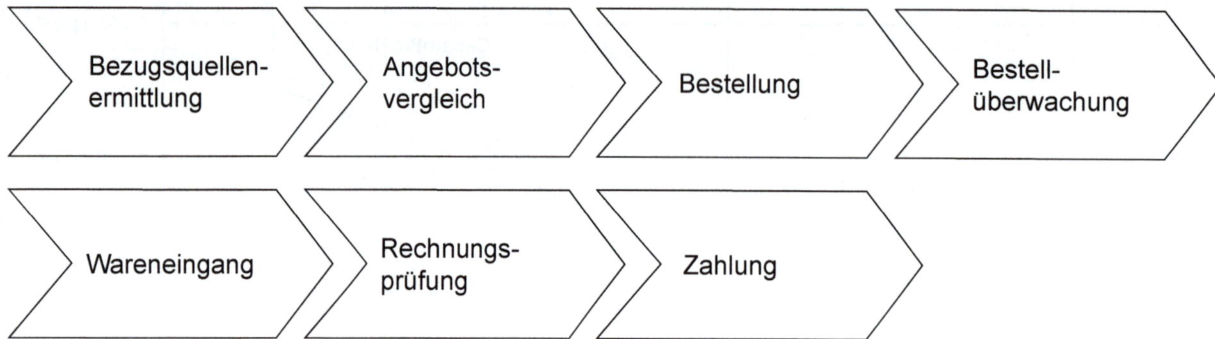

Dieser Prozess lässt sich in weitere Teilprozesse gliedern.

In den folgenden Kapiteln werden wesentliche Teilprozesse des Einkaufsprozesses genauer betrachtet. Besonders umfangreiche Bereiche wie Kaufvertragsabschluss und Zahlungsabwicklung werden in anderen Modulen separat behandelt und vertieft.

1. Bezugsquellenermittlung

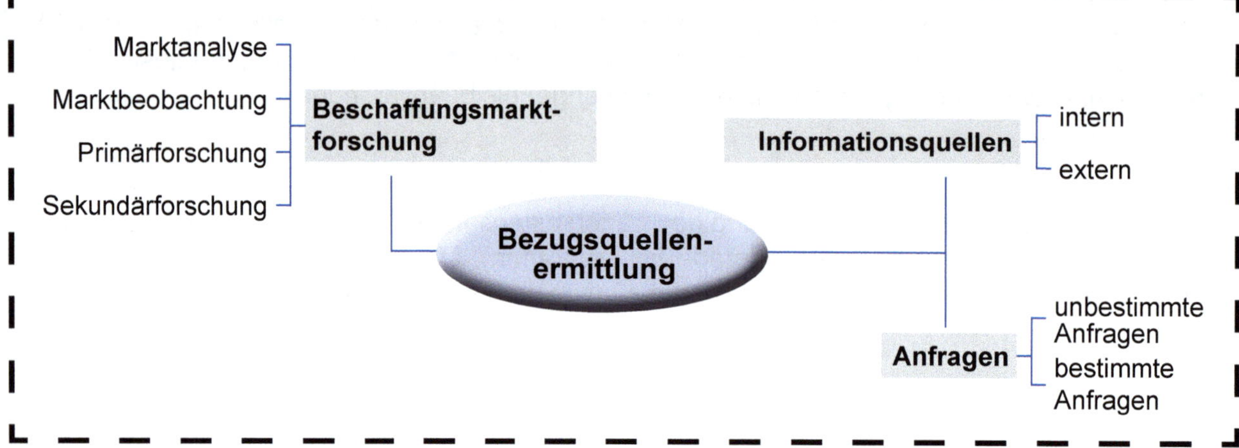

Was muss ich für die Prüfung wissen?

1. Beschaffungsmarktforschung

Um die Ziele der Beschaffung umsetzen zu können, ist es wichtig, detaillierte Informationen über den Beschaffungsmarkt zu erhalten. Diese Informationen können durch eine Markterkundung oder durch die Marktforschung erlangt werden. Die Markterkundung erfolgt weitgehend unsystematisch, ohne dass wissenschaftliche Methoden eingesetzt werden. Von Marktforschung spricht man, wenn Märkte systematisch untersucht und analysiert werden. Im Folgenden soll nur die Marktforschung weiter betrachtet werden.

Die Beschaffungsmarktforschung ist besonders bei A-Gütern wichtig. Ziel der Beschaffungsmarktforschung ist es, geeignete Anbieter zu finden und Marktstrukturen zu erkennen. Diese Aspekte sind vor allem bei Vertragsverhandlungen (Preise) von Bedeutung.

Arten der Marktforschung

In zeitlicher Hinsicht:

Marktanalyse	Marktbeobachtung
Zeitpunktbezogene Untersuchung der Beschaffungsmärkte	Zeitraumbezogene, fortlaufende Untersuchung der Beschaffungsmärkte; Marktentwicklungen sollen erkannt werden

Hinsichtlich der Datenerhebung:

Primärforschung	Sekundärforschung
Es werden direkt am Markt neue Daten erhoben, z. B. durch: ► Messebesuche ► Kontakte mit Lieferanten ► Betriebsbesichtigungen	Vorhandene Daten werden ausgewertet, z. B.: ► Geschäftsberichte ► Fachzeitschriften ► Statistiken

Die Arten der Marktforschung unterscheiden sich anhand verschiedener Betrachtungskriterien. Eine Marktanalyse kann sowohl in Form einer Primär- als auch in Form einer Sekundärforschung durchgeführt werden.

Gegenstand der Marktforschung

Folgende Aspekte können im Rahmen einer Marktforschung untersucht werden:

- Anzahl der Anbieter
- Angebotsvolumen
- Marktstellung der Anbieter (Wettbewerbssituation)
- Preise und Preisentwicklungen
- Qualität der zu beschaffenden Güter
- Mögliche Substitutionsgüter
- Qualität der Anbieter (Liefertreue etc.)
- ...

2. Bezugsquellenermittlung

Für die konkrete Suche nach bestimmten Lieferanten kann auf interne oder auf externe Informationsquellen zurückgegriffen werden:

Interne Bezugsquellenermittlung

- Liefererkartei bzw. -datei
- Artikelkartei bzw. -datei.

Externe Bezugsquellenermittlung

- Lieferantenverzeichnisse (z. B. „Wer liefert was?“, Branchenverzeichnisse)
- Besuch von Messen
- Fachzeitschriften, Kataloge
- Internet.

Die externe Bezugsquellenermittlung deckt sich mit den Aspekten der Marktforschung.

3. Die Anfrage

Durch Anfragen werden Lieferanten aufgefordert, Angebote abzugeben.

Die Anfrage stellt rechtlich noch keine Willenserklärung dar und ist damit auch nicht Bestandteil eines Kaufvertrages.

Unbestimmte (allgemeine) Anfragen:
Die Anfrage ist nicht konkretisiert. Sie dient dazu, allgemeine Informationen von einem Lieferanten zu erhalten. Diese Informationen können sich auf Produkteigenschaften, Preise, Liefermengen oder Liefertermine beziehen.

Bestimmte Anfragen:
Um ein aussagefähiges Angebot zu erhalten, sollten bereits in der Anfrage Angaben zu gewünschter Materialart, benötigter Menge, gewünschtem Liefertermin etc. enthalten sein. Dementsprechend ist es dem Lieferanten möglich, sein Angebot konkret auf die Bedürfnisse des potenziellen Kunden auszurichten. So können dann eventuelle Mengenrabatte oder Sonderkonditionen bereits berücksichtigt werden.

Was erwartet mich in der Prüfung?

Meist stellt sich die Frage nach der richtigen Vorgehensweise bei der Suche nach einem neuen Lieferanten. Es ist auch möglich, dass in der Prüfung eine Anfrage verfasst werden muss.

1. Das Lernlabyrinth

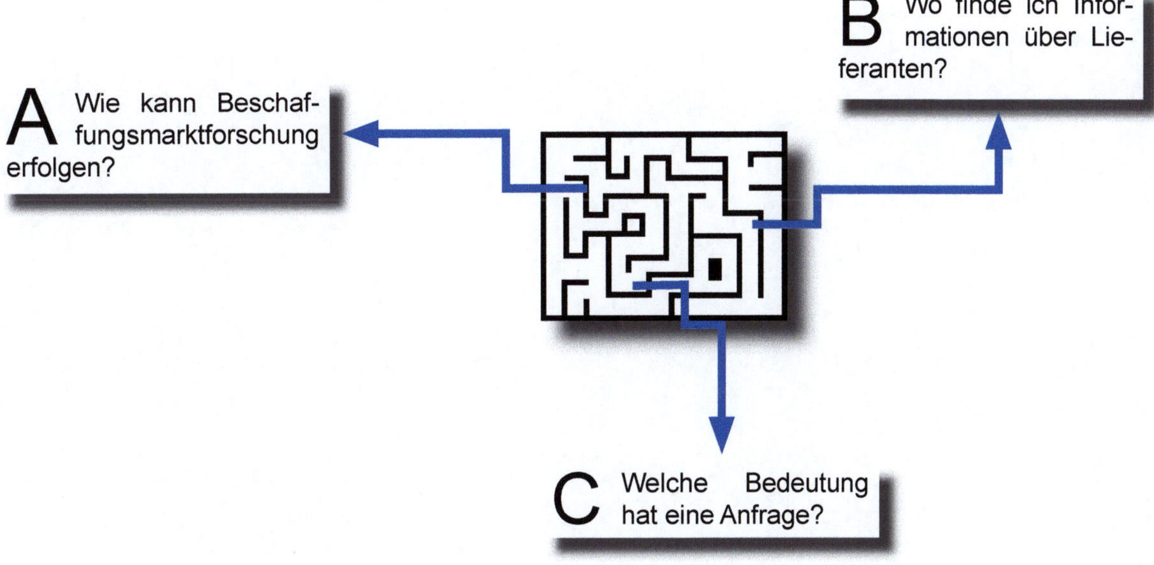

2. Wege aus dem Labyrinth

A **Wie kann Beschaffungsmarktforschung erfolgen?**

Was ist zu beachten?

- Berücksichtigen Sie die verschiedenen Arten der Marktforschung. Achten Sie darauf, ob Sie in einer gegebenen Situation neue Daten erheben oder vorhandene Daten auswerten sollen.

B **Wo finde ich Informationen über Lieferanten?**

Was ist zu beachten?

- Ein wesentlicher Aspekt ist die Frage, ob das Unternehmen bereits mit einem Lieferanten zusammengearbeitet hat und auf eigene Erfahrungen (und Dateien) zurückgreifen kann oder ob nur externe Informationen herangezogen werden können.

C **Welche Bedeutung hat eine Anfrage?**

Was ist zu beachten?

- Die rechtliche Bedeutung einer Anfrage ist wesentlich für die Frage, wann ein Kaufvertrag verbindlich zustande kommt. Die inhaltliche Bedeutung bezieht sich auf die Informationen, die durch eine Anfrage gewonnen werden sollen. Es ist möglich, dass Sie in einer Prüfung fallbezogen eine Anfrage schreiben müssen. Achten Sie darauf, die inhaltlichen Aspekte aus der Fallsituation genau aufzunehmen.

So trainiere ich für die Prüfung

Aufgaben

1. Wissensfragen

1.1 Lernfragen

1. Unterscheiden Sie Primär- und Sekundärforschung.
2. Wie kann man Marktforschung in zeitlicher Hinsicht unterscheiden?
3. Welche internen Informationsquellen stehen für die Bezugsquellenermittlung zur Verfügung?
4. Welche externen Informationen stehen für die Bezugsquellenermittlung zur Verfügung?
5. Welche Arten von Anfragen können unterschieden werden?

1.2 Lückentext

Ergänzen Sie den folgenden Text:

Marktforschung kann sehr kosten- und zeitaufwendig sein. In der Regel wird sie deshalb nur für __________________ durchgeführt. Wird der Markt über einen __________________ betrachtet, spricht man von Marktbeobachtung. Die Marktanalyse bezieht sich auf einen ________________. Um Trends und ________________ zu erkennen, bedient man sich also der Marktbeobachtung. Ziel der __________________ ist es, neue Daten zu gewinnen. Dafür wird die Marktforschung ______________ am Beschaffungsmarkt durchgeführt. Die Sekundärforschung wertet ________________ Daten aus. Sekundärforschung ist meist mit weniger Aufwand verbunden und deshalb kostengünstiger.
Sucht man nach Informationen über Lieferanten, kann man innerhalb des Unternehmens auf seine __________________ zurückgreifen, wenn man bereits in Geschäftskontakt mit dem Lieferanten steht. Diese Datei enthält alle Umsätze, die bereits mit dem Lieferanten gemacht wurden und gibt Auskunft über bestehende Konditionen. Die ________________ zeigt unter anderem, bei welchen Lieferanten ein bestimmter ________________ bislang bezogen wurde. Es wird somit schnell erkennbar, welche alternativen Bezugsquellen zur Verfügung stehen, wenn ein Lieferant ausfällt oder zu teuer ist.

1.3 Richtig oder falsch?

Geben Sie an, ob die folgenden Aussagen richtig oder falsch sind. Geben Sie auch eine kurze Begründung an:

Aussage	Richtig oder falsch mit Begründung
1. Primärforschung ist ein Teilbereich der Markterkundung.	
2. Die Marktanalyse ist immer zeitpunktbezogen.	

3. Nur bestimmte Anfragen sind rechtsverbindlich.	
4. Bestimmte Anfragen müssen schriftlich gestellt werden.	
5. Sekundärforschung ist immer zeitraumbezogen.	
6. Ziel einer bestimmten Anfrage ist es meist, dass ein Lieferant ein konkretes Angebot abgibt.	
7. Ein Betrieb muss erst Primärforschung betreiben, bevor Sekundärforschung durchgeführt werden kann.	

2. Fallsituation

Sie sind im Einkauf eines Unternehmens tätig, das elektrische Gartengeräte in Kleinserie herstellt.

Um von Ihrem Lieferanten für Elektromotoren (Typ ASV 230W) unabhängiger zu werden, suchen Sie weitere Anbieter.

a) Beschreiben Sie vier Schritte Ihres Vorgehens bei der Suche.

b) Verfassen Sie eine unbestimmte Anfrage an einen möglichen Lieferanten.

c) Durch die Sonderbestellung einer großen Baumarktkette über 2.000 elektrische Heckenscheren ist ein zusätzlicher Bedarf an Elektromotoren aufgetreten. Die Motoren müssen innerhalb von 14 Tagen eintreffen. Verfassen Sie eine bestimmte Anfrage.

Lösungen

1. Wissensfragen

1.1 Lernfragen

1. Bei der Primärforschung werden neue Daten direkt vom Markt erhoben; bei der Sekundärforschung werden Daten ausgewertet, die bereits aus anderen Quellen zur Verfügung stehen.

2. Unterscheidung in Marktbeobachtung und Marktanalyse

3. Liefererdatei, Artikeldatei

4. Branchenverzeichnisse, Lieferantenverzeichnisse, Statistiken, Fachzeitschriften, ...

5. Bestimmte und unbestimmte Anfragen

1.2 Lückentext

In entsprechender Reihenfolge: A-Güter, Zeitraum, Zeitpunkt, Entwicklungen, Primärforschung, direkt, vorhandene, Liefererdatei, Artikeldatei, Artikel

1.3 Richtig oder falsch?

Aussage	Richtig oder falsch mit Begründung
1. Primärforschung ist ein Teilbereich der Markterkundung.	**Falsch**, Primärforschung bezieht sich auf die Marktforschung, nicht Markterkundung.
2. Die Marktanalyse ist immer zeitpunktbezogen.	**Richtig**
3. Nur bestimmte Anfragen sind rechtsverbindlich.	**Falsch**, Anfragen sind immer unverbindlich.
4. Bestimmte Anfragen müssen schriftlich gestellt werden.	**Falsch**, Anfragen sind an keine Form gebunden.
5. Sekundärforschung ist immer zeitraumbezogen.	**Falsch**, Sekundärforschung kann zeitraum- oder zeitpunktbezogen sein.
6. Ziel einer bestimmten Anfrage ist es meist, dass ein Lieferant ein konkretes Angebot abgibt.	**Richtig**
7. Ein Betrieb muss erst Primärforschung betreiben, bevor Sekundärforschung durchgeführt werden kann.	**Falsch**, für einen Betrieb steht Primär- und Sekundärforschung in keiner zeitlichen Abfolge. Es kann auch nur eines von beiden durchgeführt werden.

2. Fallsituation

a)

B, C

Wichtig ist, dass wirklich vier abgegrenzte Schritte erkennbar sind. Es sollte auch ein gewisser logischer Zusammenhang erkennbar sein.

Antwortmöglichkeit:

1. Suche in der Artikeldatei für Elektromotoren, ob bereits andere mögliche Lieferanten eingetragen sind
2. Referenzen von anderen Firmen einholen
3. Anfragen an geeignete Lieferanten stellen
4. Lieferantenbewertung durchführen.

Weitere Antwortmöglichkeit:

1. Internetrecherche mittels Suchmaschinen oder Lieferantenverzeichnisse
2. Suche nach Anzeigen in Fachzeitschriften
3. Besuche von Außendienstmitarbeitern bei den Lieferanten
4. Lieferantenbewertung durchführen.

b)

> ...
> Sehr geehrte Damen und Herren,
>
> für die Produktion von qualitativ hochwertigen Gartengeräten benötigen wir Elektromotoren des Typs ASV 230W.
>
> Bitte senden Sie uns Informationen über technische Spezifikationen Ihrer Motoren und über Ihre aktuellen Verkaufskonditionen.
>
> Mit freundlichen Grüßen
>
> ...

c)

> ...
> Sehr geehrte Damen und Herren,
>
> für die Produktion von qualitativ hochwertigen Heckenscheren benötigen wir innerhalb von 14 Tagen 2.000 Elektromotoren des Typs ASV 230W.
>
> Bitte senden Sie uns schnellstmöglich ein Angebot unter Angabe Ihrer Liefer- und Zahlungsbedingungen.
>
> Mit freundlichen Grüßen
>
> ...

2. Angebotsinhalte und Angebotsvergleich

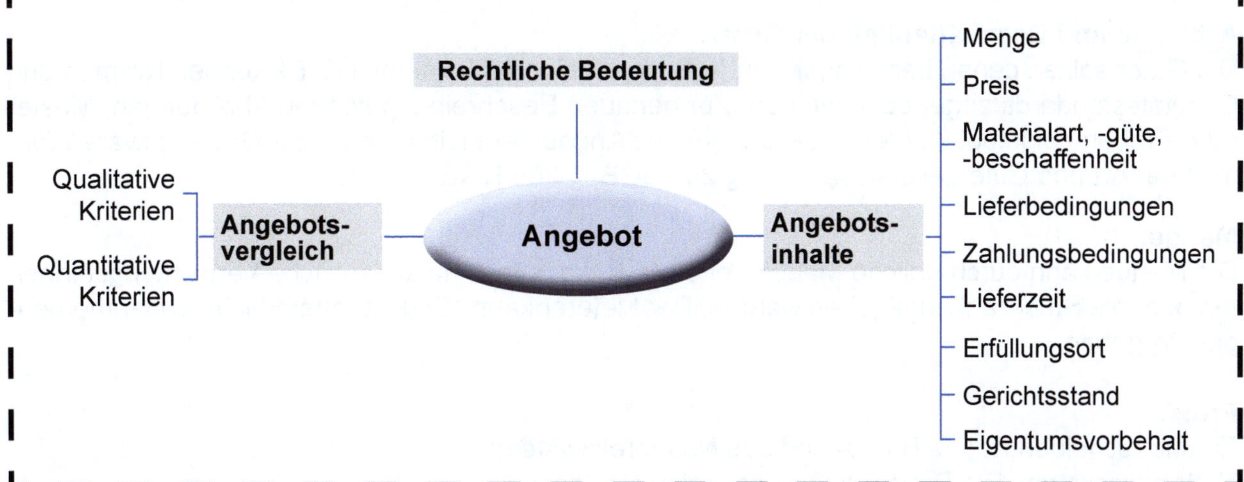

Was muss ich für die Prüfung wissen?

1. Rechtliche Bedeutung

Im rechtlichen Sinne stellt ein Angebot einen Antrag zum Abschluss eines Kaufvertrages dar.

Ein Angebot ist eine rechtlich bindende Willenserklärung, wenn die Bindung nicht ausgeschlossen wird.

Die Bindung an den Antrag kann der Lieferant durch Freizeichnungsklauseln ausschließen.

Freizeichnungsklauseln:

Mit völligem Ausschluss der Verbindlichkeit	Mit teilweisem Ausschluss der Verbindlichkeit
„unverbindlich“, „ohne Obligo“, „Angebot freibleibend“, ...	„solange Vorrat reicht“, „Preis freibleibend“, „Lieferung vorbehalten“, ...

Ein Angebot ist nur für eine gewisse Dauer bindend. Entscheidend ist u. a., wie das Angebot abgegeben wird:

- Angebot unter Anwesenden und telefonische Angebote: Das Angebot muss sofort angenommen werden.
- Angebot gegenüber einem Abwesenden (z. B. schriftlich): Das Angebot muss in einer „angemessenen Frist“ angenommen werden.
- Befristetes Angebot: Das Angebot muss innerhalb der Frist angenommen werden.

2. Angebotsinhalte

Ein Angebot sollte folgende Angaben beinhalten:

Art, Güte und Beschaffenheit der Güter:
Die Güter sollten genau bezeichnet sein (z. B. durch eine Artikelnummer). Es können Normen und Qualitätsstandards angegeben werden. Zur genauen Beschreibung können Abbildungen, Muster oder Proben beigefügt werden. Ist keine genaue Angabe enthalten, muss bei Gattungsware Ware mittlerer Art und Güte geliefert werden (§ 243 BGB, § 360 HGB).

Menge:
Die Menge kann durch übliche Maßeinheiten (z. B. kg, Liter), handelsübliche Verpackungseinheiten oder die Stückzahl angegeben werden. Der Lieferer kann Mindest- oder Höchstabnahmemengen vorgeben.

Preis:
Zu unterscheiden ist das Brutto- und das Nettopreissystem:
Nettopreissystem: Die Preisangabe lässt keine Nachlässe zu.
Bruttopreissystem: Der Verkäufer gewährt vom angegebenen Preis Rabatte.
Der Einstandspreis hängt davon ab, welche Nachlässe gewährt werden oder welche Aufschläge bezahlt werden müssen.

Nachlässe können durch Rabatte oder Skonti entstehen, Aufschläge sind durch Mindermengenzuschläge und Bezugskosten möglich.

Es können Abzüge für das Verpackungsgewicht (Tara) oder für Gewichtsverluste berücksichtigt werden, die z. B. beim Einwiegen oder Umpacken der Ware entstehen (Gutgewicht bzw. Leckage bei Flüssigkeiten).

Die Übernahme der Verpackungskosten kann wie folgt geregelt werden:

- „Preis netto einschließlich Verpackung"
  ⇒ Der Käufer zahlt nur für das Gewicht der Ware, die Verpackung bleibt unberücksichtigt.
- „Preis netto ausschließlich Verpackung"
  ⇒ Der Käufer zahlt für das Gewicht der Ware und zusätzlich die Verpackung.
- „Preis brutto einschließlich Verpackung" oder auch "brutto für netto"
  ⇒ Der Käufer zahlt für das Bruttogewicht (entspricht dem Warengewicht + Verpackungsgewicht).
- „Preis brutto ausschließlich Verpackung"
  ⇒ Der Käufer zahlt für das Bruttogewicht und zusätzlich für die Verpackung

Brutto und netto haben hier nichts mit der Umsatzsteuer zu tun. Beim Bruttogewicht ist das Verpackungsgewicht enthalten. Das Nettogewicht beschreibt das Warengewicht ohne die Verpackung.

Ist im Vertrag die Kostenübernahme nicht geregelt, so muss der Käufer die Versandverpackung bezahlen.

Lieferbedingungen:
Die Lieferbedingungen regeln, wer die Versandkosten zu übernehmen hat.

Folgende Regelungen sind möglich:

- Ab Werk (ab Lager, ab Fabrik)
  ⇒ Der Käufer trägt alle Kosten der Beförderung.
- Unfrei (ab hier, ab Bahnhof)
  ⇒ Der Verkäufer trägt die Kosten bis zur Versandstation, der Käufer trägt alle weiteren Kosten.
- Frachtfrei (frei Bahnhof, frei dort)
  ⇒ Der Verkäufer trägt alle Kosten bis zum Bestimmungsbahnhof.
- Frei Haus (frei Lager, frei Fabrik)
  ⇒ Der Verkäufer trägt alle Transportkosten.

Sind im Vertrag die Lieferbedingungen nicht geregelt, muss der Käufer die Transportkosten übernehmen.

INCOTERMS
Im internationalen Handelsverkehr werden die Lieferpflicht und der Kosten- und Gefahrenübergang durch international anerkannte Vertragsklauseln (International Commercial Terms) geregelt. Diese werden im Modul „Absatz" (Trainingsmodul Industriekaufleute - Absatzprozesse (GP 4)) erläutert.

Zahlungsbedingungen:
Folgende Zahlungsbedingungen sind möglich:

- Vorauszahlung, Anzahlung
- Ratenzahlung
- Zahlung bei Lieferung
- Zahlungsziel (z. B. innerhalb 10 Tagen 2 % Skonto, innerhalb 30 Tagen netto Kasse)
- ...

Ist im Vertrag kein Zeitpunkt für die Zahlung bestimmt, muss der Käufer sofort bezahlen.

Ist eine Zahlung unter Abzug von Skonto möglich, wird Skonto immer in Anspruch genommen. Wird Skonto nicht in Anspruch genommen und erst später gezahlt, stellt dies einen Lieferantenkredit dar. Diese Form des Kredits ist üblicherweise sehr teuer.

Beispiel:
Die Zahlungsbedingung lautet „30 Tage netto Kasse, 10 Tage 2 % Skonto".

Das bedeutet, dass man für eine 20 Tage (= 30 Tage - 10 Tage) spätere Zahlung auf 2 % Preisvorteil verzichtet.

Als effektiver Jahreszins ausgedrückt (hochgerechnet auf 360 Tage):

$$2\,\% \cdot \frac{360 \text{ Tage}}{20 \text{ Tage}} = 36\,\% \text{ p. a.}$$

Lieferzeit:
Folgende Bedingungen können vereinbart werden:

- Sofortige Lieferung

- Termingeschäft
  ⇒ Lieferung innerhalb einer bestimmten Frist oder an einem bestimmten Tag.
- Fixgeschäft
  ⇒ Lieferung an oder bis zu einem bestimmten Zeitpunkt, sonst entfällt das Kaufinteresse des Abnehmers. Fixklausel („fix", „genau", „exakt") ist notwendig.
- Lieferung auf Abruf
  ⇒ Der Zeitpunkt der Lieferung wird vom Käufer bestimmt.
- Lieferung gegen Andienung
  ⇒ Der Verkäufer kann innerhalb einer bestimmten Zeit die Liefertermine wählen.

Ist im Vertrag keine Lieferzeit bestimmt, muss die Lieferung sofort erfolgen.

Erfüllungsort:
Der Erfüllungsort ist der Ort, an dem die Vertragsparteien ihre jeweilige Leistung zu erbringen haben.

Der Erfüllungsort kann der Ort des Käufers, der Ort des Verkäufers oder ein anderer Ort sein. Gemäß BGB ist der Erfüllungsort dort, wo der Schuldner seinen Wohn- oder Geschäftssitz hat. Für die Zahlung ist der Erfüllungsort also der Ort des Käufers (Geldschuldner), für die Lieferung ist der Erfüllungsort der Ort des Verkäufers (Warenschuldner). Der Käufer muss die Ware beim Verkäufer abholen, der Käufer hat Geld auf eigene Gefahr und Kosten zu übermitteln.

Warenschulden sind Holschulden, Geldschulden sind Schickschulden.

Gerichtsstand:
Der Gerichtsstand bestimmt, an welchem Ort gegen den Schuldner eine Klage geführt werden muss, wenn dieser seinen Verpflichtungen nicht nachkommt. Laut gesetzlicher Regelung deckt sich der Gerichtsstand mit dem Erfüllungsort. Abweichende Regelungen können getroffen werden (Besonderheiten beim Verbrauchsgüterkauf sind zu beachten).

Eigentumsvorbehalt:
Zur Sicherung der Forderung kann ein Eigentumsvorbehalt vereinbart werden.

Durch einen Eigentumsvorbehalt bleibt der Verkäufer einer beweglichen Sache Eigentümer, bis der Kaufpreis vollständig bezahlt wurde.

Nach der Lieferung ist der Käufer also Besitzer, aber noch nicht Eigentümer der Ware.

Der Verkäufer hat dadurch folgende Rechte, wenn der Käufer die Ware nicht bezahlt:

- Rücktritt vom Vertrag und Rücknahme der Ware
- Aussonderung der Ware bei Insolvenz des Käufers
- Drittwiderspruchsklage gegen einen pfändenden Gläubiger des Käufers

Der einfache Eigentumsvorbehalt erlischt jedoch, wenn die verkaufte Sache

- an einen gutgläubigen Dritten weiterverkauft wird,
- verarbeitet oder verbraucht wird,
- mit einem Grundstück fest verbunden wird.

Es können weitere Arten des Eigentumsvorbehaltes vereinbart werden:

- Verlängerter Eigentumsvorbehalt

  - mit Verarbeitungsklausel: Der Verkäufer erhält anteilig Eigentum an dem neuen Produkt.

- mit Veräußerungsklausel: Die durch die Veräußerung entstehende Forderung geht auf den (ursprünglichen) Verkäufer über.

- Erweiterter Eigentumsvorbehalt (Kontokorrentvorbehalt): Die gelieferte Ware bleibt Eigentum des Verkäufers, bis alle Forderungen (aus anderen Lieferungen) beglichen sind.

3. Angebotsvergleich

Aufgrund einer Anfrage liegen meist mehrere Angebote von Lieferanten vor und es gilt nun, das geeignetste Angebot auszuwählen. Dabei sind verschiedene Kriterien zu berücksichtigen, die sich auf die bereits dargestellten Angebotsinhalte beziehen. Von besonderer Bedeutung ist bei der Entscheidung natürlich der Bezugspreis.

Der Angebotsvergleich vollzieht sich im Rahmen der Lieferantenauswahl und Lieferantenbewertung.

Beim Angebotsvergleich müssen verschiedene Kriterien berücksichtigt werden:

Quantitative Kriterien	Qualitative Kriterien
► Listeneinkaufspreis ► Rabatt ► Skonto ► Bezugskosten ► Lieferzeit	► Materialqualität ► Termintreue ► Service ► Beratung ► Erfüllungsort und Gerichtsstand

Manche dieser Kriterien müssen erst als Hürde überwunden werden, um das Angebot überhaupt weiter in Betracht zu ziehen. Wenn z. B. die Materialqualität nicht den Erfordernissen entspricht, kommt das Angebot nicht in die weitere Auswahl. Mitunter ist davon auszugehen, dass Angebote nur von Lieferanten eingeholt werden, die nach einer Lieferantenbewertung in den Pool der „Stammlieferanten“ aufgenommen wurden.

Im Sinne einer operativen Auswahl wird als Entscheidungskriterium vor allem der Preis und gegebenenfalls die Lieferfrist von Bedeutung sein, da andere Kriterien bereits bei einer strategischen Lieferantenauswahl geklärt wurden.

4. Der Bezugspreis

Um Preise verschiedener Lieferanten vergleichen zu können, gilt es, Angaben über Rabatt, Skonto und Lieferbedingungen zu berücksichtigen, um schließlich die Bezugspreise zu ermitteln und zu vergleichen.

Die Preiskalkulation erfolgt nach folgendem Schema:

	Listeneinkaufspreis
-	Liefererrabatt
=	Zieleinkaufspreis
-	Liefererskonto
+	Einkaufskosten (z. B. Provision)
=	Bareinkaufspreis
+	Bezugskosten
=	Einstandspreis

Was erwartet mich in der Prüfung?

Aufgaben zu Anfrage und Angebot bieten eine vielfältige Möglichkeit rechtliche Aspekte des Kaufvertrages zu prüfen. In einer Prüfung muss oft aus mehreren vorliegenden Angeboten das günstigste ausgewählt werden. Ein wesentliches Element ist die Berechnung des Bezugspreises. Doch auch andere Entscheidungskriterien und rechtliche Aspekte, wie Bindung an das Angebot usw., können mit in die Aufgabenstellung einfließen.

1. Das Lernlabyrinth

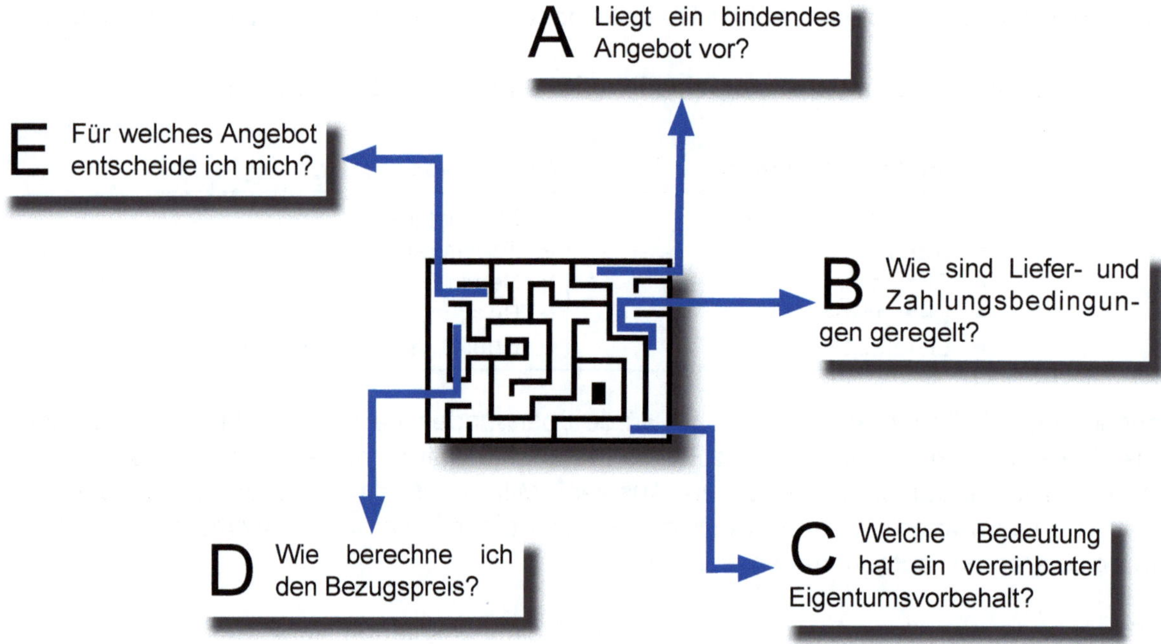

2. Wege aus dem Labyrinth

A **Liegt ein bindendes Angebot vor?**

Es ist zu prüfen, ob die Bindung an das Angebot ausgeschlossen wurde oder eventuell die Annahmefrist für das Angebot bereits überschritten wurde.

Was ist zu beachten?

- Achten Sie also unbedingt darauf, ob Freizeichnungsklauseln oder Fristen genannt werden. Ansonsten sind die bereits genannten rechtlichen Regelungen wirksam.

B Wie sind Liefer- und Zahlungsbedingungen geregelt?

Vereinbarungen zu Liefer- und Zahlungsbedingungen sind meist in einem Angebot angegeben.

Was ist zu beachten?

- Wenn zu manchen Aspekten nichts vereinbart wird, gelten die gesetzlichen Regelungen.
- Machen Sie sich mit den gesetzlichen Regelungen vertraut.
  Möglich ist auch, dass Gesetzestexte abgedruckt sind, interpretiert und angewandt werden müssen.

C Welche Bedeutung hat ein vereinbarter Eigentumsvorbehalt?

In einer Prüfung wird die Frage nach einem Eigentumsvorbehalt wohl in Verbindung stehen mit der Frage, welche Rechte sich für den Verkäufer ergeben, wenn der Käufer nicht bezahlt. Wichtig ist es, zunächst zu prüfen, welche Art des Eigentumsvorbehaltes überhaupt vorliegt und ob der Eigentumsvorbehalt nicht bereits durch bestimmte Sachverhalte erloschen ist.

Was ist zu beachten?

- Der Eigentumsvorbehalt ist eine Standardvereinbarung und ist oft in den AGB „versteckt". Übersehen Sie ihn nicht, wenn AGB mit abgedruckt sind.

D Wie berechne ich den Bezugspreis?

Die Berechnung des Bezugspreises gehört zu den Grundlagen einer kaufmännischen Ausbildung und wird an vielen Stellen abgefragt.

Was ist zu beachten?

- Prägen Sie sich das Berechnungsschema (siehe Wissensteil) unbedingt ein. Beachten Sie, dass Sie zuerst den Rabatt und erst danach Skonto abziehen. Die Bezugskosten (Fracht, Verpackung) werden erst nach dem Abzug von Rabatt und Skonto addiert.

Beispiel:
Aufgrund einer Anfrage gehen vier Angebote bei uns ein. Das angebotene Material weist keine qualitativen Unterschiede auf. Skonto soll immer ausgenutzt werden, wenn es das Angebot erlaubt. Die Frachtkosten betragen 30,00 €.

1. Angebot: 1.860,00 € ab Werk, Zahlungsziel 30 Tage, 2 % Skonto bei Zahlung innerhalb von 14 Tagen
2. Angebot: 1.824,00 € ab Werk, zahlbar netto Kasse
3. Angebot: 2.040,00 € frei Haus, 5 % Rabatt, Zahlungsziel 60 Tage, 2 % Skonto bei Zahlung innerhalb von 14 Tagen
4. Angebot: 1.896,00 € frei Haus, zahlbar sofort netto Kasse.

Für welches Angebot sollen wir uns entscheiden?

Lösung:

1. Angebot:	Listenpreis	1.860,00 €
	- Skonto	37,20 €
	= Bareinkaufspreis	1.822,80 €
	+ Frachtkosten	30,00 €
	= Bezugspreis	**1.852,80** €
2. Angebot:	Listenpreis	1.824,00 €
	+ Frachtkosten	30,00 €
	= Bezugspreis	**1.854,00** €
3. Angebot:	Listenpreis	2.040,00 €
	- Rabatt	102,00 €
	= Zieleinkaufspreis	1.938,00 €
	- Skonto	38,76 €
	= Bezugspreis	**1.899,24** €
4. Angebot:	Listenpreis	**1.896,00** € (= Bezugspreis)

⇒ Das 1. Angebot ist am günstigsten.

Der Listenpreis ist gegebenenfalls auch in einer Fremdwährung gegeben und muss zunächst in Euro umgerechnet werden.

E

Für welches Angebot entscheide ich mich?

Die Entscheidung für oder gegen ein Angebot erfolgt meist anhand eines Preisvergleiches. Jedoch müssen auch andere Kriterien berücksichtigt werden.

Was ist zu beachten?

- Ihre Entscheidung für oder gegen ein Angebot ist in der Prüfung fast immer mit einer Begründung zu ergänzen.

Sollen neben dem Bezugspreis noch andere Argumente für oder gegen ein Angebot aufgeführt werden, dürfen keine bereits in der Bezugskalkulation enthaltenen Größen (Rabatt, Skonto ...) genannt werden.

So trainiere ich für die Prüfung

Aufgaben

1. Wissensfragen

1.1 Lernfragen

1. Welche Qualität eines Produktes muss geliefert werden, wenn im Vertrag nichts vereinbart wurde?
2. Welche Lieferbedingung entspricht der gesetzlichen Regelung?
3. Wer trägt die Transportkosten, wenn diesbezüglich keine vertragliche Vereinbarung getroffen wurde?
4. Wie ist der Erfüllungsort gesetzlich geregelt?
5. Wann muss die Lieferung erfolgen, wenn im Vertrag nichts geregelt ist?
6. Welche Arten des Eigentumsvorbehaltes gibt es?
7. Wann erlischt der einfache Eigentumsvorbehalt?
8. Welche Rechte ergeben sich für den Verkäufer aus einem vereinbarten Eigentumsvorbehalt?
9. Wie lassen sich die Entscheidungskriterien für den Angebotsvergleich einteilen?

1.2 Rätsel

Tragen Sie die passenden Lösungsworte zu den folgenden Aussagen in das Raster ein.

1. Zwei übereinstimmende Willenserklärungen
2. Geldschulden sind ...
3. Zahlung erfolgt erst später
4. Ort, an dem Klage geführt wird
5. Preisnachlässe sind noch nicht berücksichtigt
6. Lieferbedingungen im Außenhandel
7. Einschränkung der Bindung an ein Angebot
8. Lieferung erfolgt zu einer bestimmten Zeit
9. Dort muss der Schuldner seine Leistung erbringen
10. Tara
11. Nachlass für frühzeitige Zahlung
12. Geht meist einem Angebot voraus
13. Preisnachlass
14. Teilzahlung
15. Hier wechselt das Risiko vom Verkäufer auf den Käufer
16. Verbindliche Aufforderung zu bestellen
17. Transportkosten zur Versandstation
18. Ohne Vereinbarung über die Lieferzeit muss die Lieferung ... erfolgen
19. Möglichkeit das Risiko des Zahlungsausfalls zu mindern.

1.
2.
3.
4.
5.
6.
7.
8.
9.
10.
11.
12.
13.
14.
15.
16.
17.
18.
19.

1.3 Richtig oder falsch?

Geben Sie mit kurzer Begründung an, ob die folgenden Aussagen richtig oder falsch sind:

Aussage	Richtig oder falsch mit Begründung
1. Laut gesetzlicher Regelung trägt der Käufer die Kosten der Transportverpackung.	
2. Ein schriftliches Angebot verliert nach 14 Tagen seine Verbindlichkeit.	
3. Bezahlt werden muss prinzipiell erst 2 Tage nachdem die Lieferung erfolgt ist.	
4. Bestellungen müssen immer schriftlich erfolgen.	
5. Ein telefonisches Angebot muss noch während des Gesprächs angenommen werden.	
6. Eine Bestellung muss immer bestätigt werden.	
7. Eine Postwurfsendung (z. B. ein Prospekt) stellt ein verbindliches Angebot dar.	
8. Bei der Vereinbarung „Preis netto ausschließlich Verpackung" muss der Käufer die Verpackung zusätzlich zur Ware bezahlen.	

2. Rechenaufgaben

2.1

Ein Rohstoff kostet 10,00 € pro kg; an Verpackungskosten fallen 30,00 € an. Die Verpackung hat ein Gewicht von 3 kg. Von dem Rohstoff werden 50 kg gekauft.

Wie viel muss der Käufer bei den jeweiligen Vereinbarungen bezahlen?

Vereinbarung	Zu bezahlen?
Netto ausschließlich Verpackung	
Netto einschließlich Verpackung	
Brutto ausschließlich Verpackung	
Brutto einschließlich Verpackung (= brutto für netto)	

2.2

Wir benötigen 250 Stück Einbauteile. Berechnen Sie die Bezugspreise der folgenden 2 Angebote:

1. Listenpreis: 1.400,00 € pro Stück, Skonto 2 %, 10 % Rabatt bei einer Abnahmemenge über 100 Stück; Versandkosten 8,00 € je Stück,
   Lieferbedingung: „Ab Werk“
2. Listenpreis: 1.800,00 € pro Stück, Skonto 3 %, 10% Rabatt bei einer Abnahmemenge von mindestens 100 Stück, 20 % Rabatt bei einer Abnahmemenge von über 200 Stück
   Lieferbedingung: „Frachtfrei“

2.3

Nach Abzug von 10 % Rabatt und 2 % Skonto ergibt sich ein Bareinkaufspreis von 21.168,00 €. Berechnen Sie den Listenpreis (ohne Berücksichtigung der Umsatzsteuer).

2.4

Die mit einem Lieferanten vereinbarte Zahlungsbedingung lautet „30 Tage netto Kasse oder 10 Tage 3 % Skonto“.

Entscheiden Sie, ob es sinnvoll ist, bei der Bank kurzfristig einen Kontokorrentkredit mit einer Verzinsung von 15 % p. a. in Anspruch zu nehmen, um unter Skontoabzug bereits nach 10 Tagen zu bezahlen. Begründen Sie Ihre Entscheidung durch eine geeignete Rechnung.

3. Fallsituationen

3.1 Fall 1

Für ein Bauteil liegen folgende Angebote vor:

	Angebot 1	Angebot 2
Liefermenge	400 Stück	400 Stück
Preis je Stück	15 €	15,50 €
Rabatt	20 %	25 %
Lieferbedingung	„Frei Empfangsstation“	„Ab Versandstation“

Geben Sie an, um wie viel Euro das günstigere Angebot unter dem anderen liegt, wenn noch die folgenden Transportkosten je 100 Stück zu berücksichtigen sind:

Hausfracht zur Versandstation (Rollgeld I)	30,00 €
Fracht	55,00 €
Hausfracht ab Empfangsstation (Rollgeld II)	20,00 €

3.2 Fall 2

Ein Süßwarenfabrikant benötigt Kakao für die Schokoladenherstellung. Ihm liegen drei Angebote vor:

Angebot	A	B	C
Anbieter	Schleck GmbH (Bremen)	Bio-Sweet GmbH (Hamburg)	International Candy (Elfenbeinküste)
Bruttogewicht	9.600 kg	10.200 kg	9.950 kg
Preis pro Tonne Kakao gemäß Preisliste	715,00 €	725,00 €	740,00 USD
Tara	2 %	-	-
Gutgewicht	100 kg	-	-
Nettogewicht	?	9.750 kg	9.810 kg
Verpackungskosten	Preis einschließlich Verpackung	Preis einschließlich Verpackung	300,00 USD
Frachtkosten	450,00 €	Lieferung frei Haus	850,00 USD
Zoll	-	-	300,00 €
Rabatt	10 % ab 5.000 kg Kakao	5 % ab 1.000 kg Kakao 15 % ab 10.000 kg Kakao	kein Rabatt
Zahlungsbedingungen	30 Tage netto Kasse / 10 Tage 2 % Skonto	30 Tage netto Kasse / 8 Tage 3 % Skonto	14 Tage netto Kasse

Gehen Sie von folgendem Wechselkurs aus: 1,00 € = 1,25 USD

a)
Berechnen Sie das Nettogewicht des Angebots A in kg.

b)
Stellen Sie in einer nachvollziehbaren und übersichtlichen Bezugskalkulation die Angebote gegenüber. Begründen Sie anschließend, für welches der drei Angebote Sie sich entscheiden würden. (Für die Entscheidung soll allein der Preis maßgebend sein.)

Angebot A	Angebot B	Angebot C

Lösungen

1. Wissensfragen

1.1 Lernfragen

1. Es muss mittlere (handelsübliche) Qualität geliefert werden.
2. „Ab Werk“ (Warenschulden sind Holschulden)
3. Der Käufer
4. Wohn- oder Geschäftssitz des Schuldners
5. Sofort
6. Einfacher EV, verlängerter EV mit Verarbeitungsklausel, verlängerter EV mit Veräußerungsklausel, erweiterter EV
7. Wenn die Ware weiterverkauft, verarbeitet, verbraucht oder untrennbar mit einem Grundstück verbunden wird
8. Rücktritt vom Vertrag, Aussonderung der Ware bei Insolvenz des Käufers, Drittwiderspruchsklage gegen pfändenden Dritten
9. Qualitative Kriterien und quantitative Kriterien

1.2 Rätsel

1.	KAUFV**E**RTRAG
2.	SCH**I**CKSCHULDEN
3.	ZAHLUN**G**SZIEL
4.	G**E**RICHTSSTAND
5.	LISTE**N**PREIS
6.	INCO**T**ERMS
7.	FREIZEICHN**U**NGSKLAUSEL
8.	TER**M**INKAUF
9.	ERFÜLLUNG**S**ORT
10.	**V**ERPACKUNGSGEWICHT
11.	SK**O**NTO
12.	ANF**R**AGE
13.	RA**B**ATT
14.	RAT**E**NZAHLUNG
15.	GEFA**H**RENÜBERGANG
16.	**A**NGEBOT
17.	ROL**L**GELD
18.	SOFOR**T**
19.	

1.3 Richtig oder falsch?

Aussage	Richtig oder falsch mit Begründung
1. Laut gesetzlicher Regelung trägt der Käufer die Kosten der Transportverpackung.	**Richtig**, Erfüllungsort ist beim Verkäufer, Käufer trägt Kosten der Abnahme.
2. Ein schriftliches Angebot verliert nach 14 Tagen seine Verbindlichkeit.	**Falsch**, das Angebot muss in „angemessener" Zeit angenommen werden. Diese hängt davon ab, auf welchem Weg das Angebot verschickt wurde und wann bei üblichem Geschäftsverlauf mit einer Antwort zu rechnen ist.
3. Bezahlt werden muss prinzipiell erst 2 Tage nachdem die Lieferung erfolgt ist.	**Falsch**, wenn nichts vereinbart wurde, muss die Zahlung sofort erfolgen.
4. Bestellungen müssen immer schriftlich erfolgen.	**Falsch**, die Willenserklärung ist formfrei.
5. Ein telefonisches Angebot muss noch während des Gesprächs angenommen werden.	**Richtig**, das Angebot muss sofort angenommen werden.
6. Eine Bestellung muss immer bestätigt werden.	**Falsch**, wenn ein verbindliches Angebot vorausgeht, entsteht der Kaufvertrag bereits durch die Bestellung.
7. Eine Postwurfsendung (z. B. ein Prospekt) stellt ein verbindliches Angebot dar.	**Falsch**, Prospekte sind „Kaufaufforderungen an die Allgemeinheit" und richten sich nicht an eine konkrete Person.
8. Bei der Vereinbarung „Preis netto ausschließlich Verpackung" muss der Käufer die Verpackung zusätzlich zur Ware bezahlen.	**Richtig**, der Verpackungspreis ist noch nicht enthalten.

2. Rechenaufgaben

2.1

Vereinbarung	Zu bezahlen?
Netto ausschließlich Verpackung	50 kg · 10,00 € + 30,00 € = 530,00 € (Verpackung muss zusätzlich zum Preis für das Nettogewicht bezahlt werden)
Netto einschließlich Verpackung	50 kg · 10,00 € = 500,00 € (Verpackung ist im Preis für das Nettogewicht bereits enthalten)
Brutto ausschließlich Verpackung	53 kg · 10,00 € + 30,00 € = 560,00 € (Verpackung muss zusätzlich zum Preis für das Bruttogewicht bezahlt werden)
Brutto einschließlich Verpackung (= brutto für netto)	53 kg · 10,00 € = 530,00 € (Verpackung ist im Preis für das Bruttogewicht bereits enthalten)

2.2

Angebot 1:

Listenpreis	350.000 €
- Rabatt	35.000 €
= Zieleinkaufspreis	315.000 €
- Skonto	6.300 €
= Bareinkaufspreis	308.700 €
+ Bezugskosten	2.000 €
= Bezugspreis	**310.700** €

Angebot 2:

Listenpreis	450.000 €
- Rabatt	90.000 €
= Zieleinkaufspreis	360.000 €
- Skonto	10.800 €
= Bareinkaufspreis	349.200 €
+ Bezugskosten	0 €
= Bezugspreis	**349.200** €

2.3

Der Bareinkaufspreis entspricht 98 % des Zieleinkaufspreises

$$\Rightarrow \frac{21.168{,}00\text{ €}}{98} \cdot 100 = 21.600{,}00\text{ € (= Zieleinkaufspreis)}$$

Der Zieleinkaufspreis entspricht 90 % des Listeneinkaufspreises

$$\Rightarrow \frac{21.600{,}00\text{ €}}{90} \cdot 100 = \mathbf{24.000{,}00}\text{ € (= Listeneinkaufspreis)}$$

2.4

Da der Kontokorrentkredit als Jahreszins gegeben ist, muss auch der Lieferantenkredit als Jahreszins berechnet werden. Dies erfolgt durch eine „kaufmännische Überschlagsrechnung“:

$$\frac{3\text{ \%} \cdot 360\text{ Tage}}{20\text{ Tage}} = 54\text{ \%}$$

Erläuterung: Der Lieferantenkredit bezieht sich auf einen Zeitraum von 20 Tagen mit einem Zinssatz von 3 %. Wird dieser Zinssatz auf einen Jahreszinssatz hochgerechnet, entspricht dieser 54 %. Es ist also günstiger, den Bankkredit in Anspruch zu nehmen.

3. Fallsituationen

3.1 Fall 1

D

Angebot 1:

400 · 15,00 € = 6.000,00 €
6.000,00 € - 1.200,00 € (Rabatt) = 4.800,00 €
4.800,00 € + 4 · 20,00 € = 4.880,00 €
(Vorsicht, die Transportkosten beziehen sich immer auf 100 Stück)

Angebot 2:

400 · 15,50 € = 6.200,00 €
6.200,00 € - 1.550,00 € (Rabatt) = 4.650,00 €
4.650,00 € + 4 · 55,00 € + 4 · 20,00 € = 4.950,00 €

Angebot 1 ist um 70,00 € günstiger.

3.2 Fall 2

D, E

a)

Nettogewicht = 9.600 kg - 192 kg (= 2 % Tara) - 100 kg = 9.308 kg

b)

	Angebot A	Angebot B	Angebot C
Nettogewicht	9.308 kg	9.750 kg	9.810 kg
Listenpreis	6.655,22 €	7.068,75 €	7.259,40 USD
- Rabatt	665,52 €	353,44 €	-
= Zieleinkaufspreis	5.989,70 €	6.715,31 €	7.259,40 USD
- Skonto	119,79	201,46 €	-
= Bareinkaufspreis	5.869,91 €	6.513,85 €	7.259,40 USD = 5.807,52 €
+ Bezugskosten	450,00 €	-	1.220 €
= Bezugspreis	6.319,91 €	6.513,85 €	7.027,52 €
Bezugspreis pro Tonne	678,98 € (= 6.319,91 € / 9,308 t)	668,09 € (= 6.513,85 € / 9,75 t)	716,36 € (= 7.027,52 € / 9,81 t)

Erläuterungen:
Beim Vergleich der Angebote muss beachtet werden, dass sich die berechneten Bezugspreise auf unterschiedliche Mengen beziehen. Für einen Vergleich muss also der Bezugspreis pro Mengeneinheit betrachtet werden. Geeignet ist der Bezugspreis pro Tonne Kakao (Nettogewicht).

Bei Angebot B ist zu beachten, dass sich der Mengenrabatt auf Kakao, also auf das Nettogewicht bezieht. Es ist dementsprechend mit 5 % Rabatt zu rechnen.

Bei Angebot C muss darauf geachtet werden, dass manche Angaben in Euro und andere in Dollar erfolgten. Es ist für die Lösung unerheblich, an welchem Punkt die Umrechnung erfolgt.

Umrechnung des Bareinkaufspreises: 7.259,40 USD / 1,25 = 5.807,52 €
Berechnung des Bezugspreises: Verpackungskosten + Frachtkosten + Zoll
⇒ (300,00 USD + 850,00 USD) / 1,25 + 300,00 € = 1.220,00 €

Wichtig ist, dass der Bezugspreis auf das Nettogewicht umgerechnet werden muss. Angebot B ist **bezogen auf die gelieferte Menge** am günstigsten. Man kann den Bezugspreis auch je kg berechnen.

3. Bestellüberwachung und -abwicklung

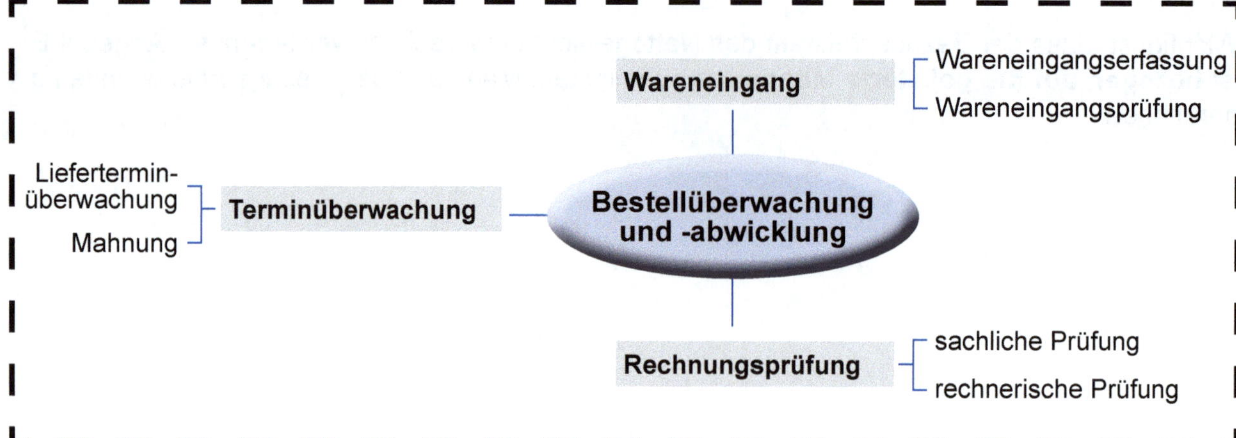

Was muss ich für die Prüfung wissen?

1. Der Prozess der Bestellüberwachung und -abwicklung

Der Prozess der Bestellüberwachung und -abwicklung umfasst die an die Bestellung anknüpfenden Vorgänge von der Überwachung der vertraglichen Lieferpflicht über den Wareneingang bis hin zur Rechnungsprüfung. Ziel ist es, Fehler in der Vertragserfüllung möglichst frühzeitig zu erkennen und diesen mit geeigneten Maßnahmen zu begegnen. Letztendlich soll gewährleistet werden, dass die Rechnung erst dann zur Zahlung freigegeben wird, wenn der Lieferer seine vertraglichen Pflichten erfüllt hat.

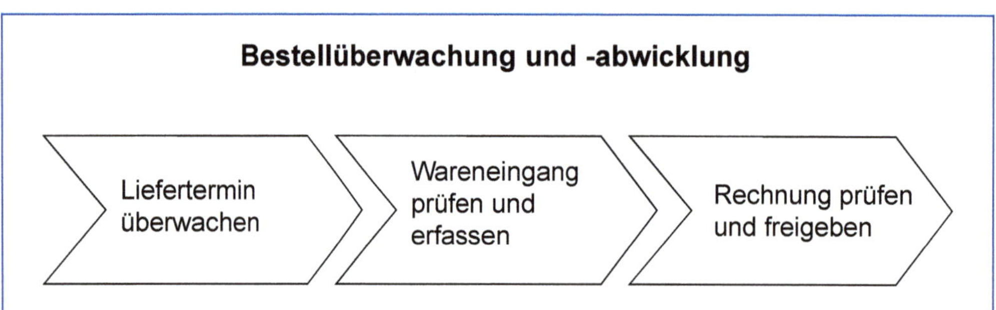

Liefertermin überwachen:

Die Einhaltung des vertraglich vereinbarten Liefertermins wird kontrolliert. Nicht termingerechte Lieferungen werden gemahnt und ggf. rechtliche Ansprüche gegenüber dem Lieferanten geltend gemacht.

Wareneingang prüfen und erfassen:

Ankommende Warenlieferungen werden auf Übereinstimmung mit der Bestellung sowie eventuell vorhandene Mängel geprüft und bestandsmäßig als Wareneingang erfasst.

Rechnung prüfen und freigeben:

Die Lieferantenrechnung wird auf sachliche und rechnerische Richtigkeit geprüft und zur Zahlung freigegeben.

2. Grundlegende Begriffe

Begleitpapiere:

Sie begleiten die Ware auf dem Transportweg (z. B. Lieferschein, Packliste, Frachtbrief, Ursprungszeugnis, Handelsfaktura, Zollfaktura etc.)

Lieferschein:

Warenbegleitpapier, das die gelieferten Waren angibt (Artikelnummer, Artikelbezeichnung, Menge, Lieferdatum, Absender, Empfänger etc.). Der Lieferschein enthält grundsätzlich keine Angaben über den Wert der Ware.

Packliste:

Detaillierte Aufstellung aller Frachtstücke mit Markierung, Art, Gewichten und Inhalt. Sie wird vor allem bei umfangreicheren Warensendungen verwendet.

Wareneingangsschein:

Beleg, der den Wareneingang dokumentiert (Wareneingangsschein oder edv-maschineller Warenerfassungsbeleg)

Unverzügliche Prüf- und Rügepflicht:

Für Kaufleute ist es Pflicht, die Ware unverzüglich auf Vollständigkeit und Mängel zu überprüfen und offene Mängel gegebenenfalls zu reklamieren, ansonsten gilt die im Lieferschein angegebene Menge als geliefert und frei von Schäden. (§ 377 (1) HGB)

Was erwartet mich in der Prüfung?

1. Das Lernlabyrinth

Ausgangssituation: Sie haben eine Bestellung an einen Lieferanten gesendet und sollen nun die ordnungsgemäße Abwicklung der Bestellung überwachen. Damit ist eine Reihe unterschiedlicher Aufgaben verbunden:

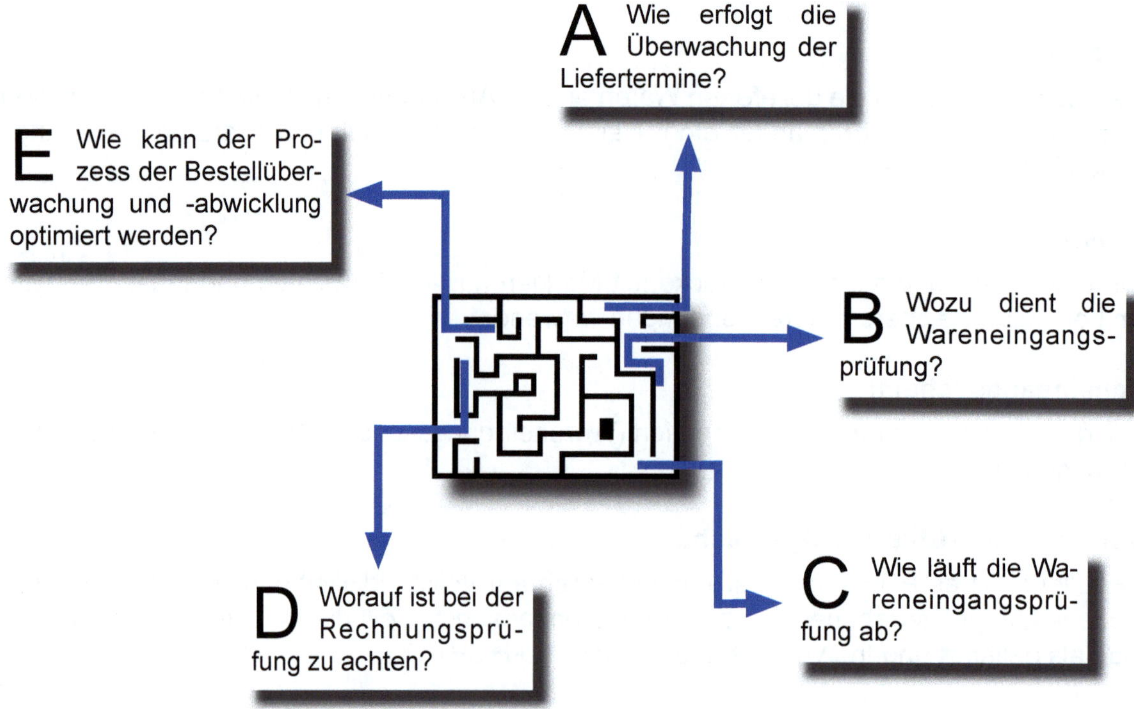

2. Wege aus dem Labyrinth

A Wie erfolgt die Überwachung der Liefertermine?

Eine der wichtigsten Aufgaben der Bestellüberwachung besteht darin, dass Sie kontrollieren müssen, ob die Liefertermine eingehalten werden. Die Terminüberwachung läuft in der Regel nach folgendem Strickmuster ab:

Das System des Einkäufers erzeugt eine Liste aller offenen Bestellungen. Fällige Lieferungen werden dem Einkäufer im Idealfall automatisch vom System angezeigt. Der Einkäufer kann die betreffenden Lieferer auf die noch ausstehenden Lieferungen hinweisen bzw. Mahnungen erstellen. Fortschrittliche Systeme ermöglichen automatisierte Fälligkeitshinweise/Mahnungen. Um den Einkäufer darüber zu informieren, dass die Ware bereits versendet worden ist, lässt der Lieferer dem Einkäufer häufig eine Versandanzeige (z. B. per Fax oder E-Mail) zukommen.

Vergessen Sie die Mahnung nicht!

Um rechtliche Ansprüche wegen Nicht-Rechtzeitig-Lieferung geltend machen zu können, ist eine Mahnung grundsätzlich erforderlich. Sie müssen prüfen, ob der Liefertermin nach dem Kalender bestimmt bzw. bestimmbar (Terminkauf, Fixkauf) ist. Dann muss keine Mahnung erfolgen.

B Wozu dient die Wareneingangsprüfung?

Die Wareneingangsprüfung beansprucht Zeit und Kosten. Es stellt sich daher die Frage, ob der Nutzen einer Wareneingangsprüfung den Aufwand überhaupt rechtfertigt. Für die Durchführung einer Wareneingangsprüfung können Sie folgende Argumente anführen:

- **Sicherung von Rechtsansprüchen gegenüber Lieferern:**
  Um rechtliche Ansprüche aus einer Schlechtleistung (Mangelhafte Lieferung) geltend machen zu können, müssen Kaufleute gemäß HGB die unverzügliche Prüf- und Rügepflicht einhalten.
- **Sicherung der Qualität im eigenen Betrieb:**
  Materialbedingter Ausschuss in der Produktion und aufwendige Nachbesserungen sollen vermieden werden.
- **Sicherung der Qualität gegenüber Kunden:**
  Reklamationen, Rücksendungen und Gewährleistungsansprüche von Kunden wegen fehlerhaften Produkten sollen vermieden werden.

C Wie läuft die Wareneingangsprüfung ab?

Eintreffende Ware muss unverzüglich geprüft werden. Die Prüfung läuft nach folgendem Schema ab:

Arbeitsschritt:	Prüfpunkte	Handlung bei Abweichungen
1. Begleitpapiere prüfen	Sind die Begleitpapiere vollständig?	Ware unter Vorbehalt annehmen bzw. Annahme verweigern.
	Ist die Ladung richtig adressiert? (Lieferschein)	Ware unter Vorbehalt annehmen bzw. Annahme verweigern.
	Stimmt der Lieferschein mit der Bestellung überein?	Einkauf über Abweichungen benachrichtigen. Einkauf hält Rücksprache mit Lieferer.
	Stimmen die abgeladenen Packstücke mit den Begleitpapieren (z. B. Packliste, Lieferschein) überein?	Differenzen vom Überbringer schriftlich bestätigen lassen (z. B. auf Lieferschein).
2. Äußere Prüfung (Sichtprüfung)	Sind äußerliche Beschädigungen festzustellen? (z. B. Schäden an der Verpackung)	Schäden vom Überbringer schriftlich bestätigen lassen (z. B. auf Lieferschein), Einkauf benachrichtigen, unverzügliche Mängelrüge durch den Einkauf.
3. Inhalt prüfen	Wurden die richtigen Waren (Art) in der richtigen Qualität und in der richtigen Menge geliefert? Bei größeren Mengen reichen für die Qualitätsprüfung Stichproben.	Einkauf benachrichtigen, unverzügliche Mängelrüge durch den Einkauf.

Die abgeladenen und äußerlich geprüften Waren werden als Wareneingang erfasst. Der dazugehörige Warenerfassungsbeleg (Wareneingangsschein) kann als Dokument ausgedruckt werden. Nach erfolgter inhaltlicher Prüfung wird der Wareneingang im System als Lagerzugang registriert und gebucht. Die Ware wird physisch eingelagert. Das Einscannen von Barcodes oder RFID (Radio Frequency Identification) erleichtert und beschleunigt die Zuordnung der Wareneingänge zu den Bestellungen.

Halten Sie die unverzügliche Prüf- und Rügefrist ein!

Unverzüglich bedeutet nicht „unmittelbar nach der Anlieferung“, sondern „ohne schuldhaftes Zögern“. Muss beispielsweise eine große Zahl von angelieferten Waren angenommen und geprüft werden, kann erwartet werden, dass die zuerst gelieferten Waren auch zuerst geprüft werden, die Prüfung der zuletzt eingetroffenen Waren kann sich dadurch ohne eigenes Verschulden verzögern.

D Worauf ist bei der Rechnungsprüfung zu achten?

Ihre Aufgabe: Eine Lieferantenrechnung ist eingegangen. Sie sollen die Rechnung prüfen.

Die Rechnung erhält zunächst einmal einen Eingangsstempel (Datum) sowie eine Eingangsrechnungsnummer. Dann erfolgt die Prüfung der Rechnung nach folgendem Schema:

Arbeitsschritt:	Prüfpunkte	Handlung bei Abweichungen
1. Sachliche Prüfung	Stimmen Art, Menge, Lieferbedingungen, Zahlungsbedingungen, Einzelpreise etc. mit der Bestellung bzw. dem Wareneingang überein?	Rechnung für Zahlung sperren, Rücksprache und Klärung mit Lieferer bzw. Einkauf.
2. Rechnerische Prüfung	Wurden Preise, Preisnachlässe, Bezugskosten, Nettorechnungsbetrag, Umsatzsteuer und Bruttorechnungsbetrag richtig berechnet?	

Enthält die Rechnung keine Fehler oder wurden vorhandene Abweichungen geklärt, wird die Rechnung vom Rechnungsprüfer zur Zahlung freigegeben und somit beim nächsten maschinellen Zahllauf überwiesen. Auf die Einhaltung von Skontofristen und Zahlungszielen ist zu achten.

Der Rechnungsprüfer in der Buchhaltung ist in der Regel nicht mit dem Bestellvorgang vertraut! Treten bei der sachlichen Rechnungsprüfung Abweichungen auf, muss zur Klärung häufig der zuständige Mitarbeiter der Einkaufsabteilung hinzugezogen werden, da dieser den speziellen Einkaufsvorgang besser kennt.

Lassen Sie Skontofristen nicht verstreichen!

Die Rechnungsprüfung sollte so zügig geschehen, dass die Zahlung noch vor Ablauf der Skontofrist erfolgen kann. Bei fehlerhaften Rechnungen ist darauf zu achten, dass die für die Klärung benötigte Zeit nicht zulasten der Skontofrist geht. Die Skontofrist sollte dann entsprechend verlängert werden. Analog ist mit Zahlungszielen zu verfahren.

E **Wie kann der Prozess der Bestellüberwachung und -abwicklung optimiert werden?**

- **Einsatz eines ERP-Systems:**

  Die Bestellung wird im Einkaufsmodul des ERP-Systems angelegt. Fällige Liefertermine werden dem Einkaufssachbearbeiter automatisch angezeigt, evtl. erfolgt auch noch eine automatische Erinnerung/Mahnung der betroffenen Lieferer. Die Warenannahme kann bei der Wareneingangsprüfung auf die hinterlegten Bestelldaten zurückgreifen. Umgekehrt wird die Wareneingangsmeldung dem Einkäufer automatisch angezeigt. Die Rechnungsprüfung kann die für die Bearbeitung der Eingangsrechnung erforderlichen Bestelldaten im System einsehen. Schnittstellen und aufwendiger Papierverkehr zwischen den Abteilungen Warenannahme, Einkauf und Rechnungsprüfung werden vermieden. Zeit und Kosten können gespart, Skontofristen durch die schnelle Bearbeitung leichter ausgenutzt werden.

- **Einbindung des Lieferers in das Qualitätsmanagementsystem:**

  Gelingt es, den Lieferer erfolgreich in das eigene Qualitätsmanagementsystem zu integrieren, kann man sich zeitraubende Qualitätskontrollen beim Wareneingang ersparen. Der Prozess der Wareneingangsprüfung wird dadurch enorm beschleunigt. Voraussetzung ist jedoch eine enge Kooperation mit dem Lieferer und die Erfüllung hoher qualitätsbezogener Anforderungen durch den Lieferer (Zertifizierung nach bestimmten DIN ISO Normen, Qualitätsaudits etc.).

So trainiere ich für die Prüfung

Aufgaben

1. Wissensfragen

1.1 Lernfragen

1. Begründen Sie, warum die Überwachung der Liefertermine aus rechtlicher Sicht bedeutsam ist.
2. Zählen Sie drei Funktionen auf, die eine Wareneingangsprüfung erfüllen soll.
3. Nennen Sie drei Punkte, die bei der Prüfung der Warenbegleitpapiere kontrolliert werden sollten.
4. Schildern Sie, wie Sie sich im Falle von äußerlichen Schäden bei der Warenannahme rechtlich absichern.
5. Zählen Sie vier Aspekte auf, die im Hinblick auf die sachliche Richtigkeit einer Rechnung zu prüfen sind.
6. Was ist zu tun, wenn bei der Prüfung einer Rechnung auffällt, dass der Rabatt zu niedrig berechnet wurde?

1.2 Mehrfachauswahl

1. Bringen Sie folgende Bearbeitungsschritte einer Wareneingangsprüfung und -erfassung in die richtige Reihenfolge.

Bearbeitungsschritt	Reihenfolge (Ziffer 1 bis 5)
Wareneingangsmeldung durchführen	
Stichprobenartige Qualitätsprüfung der gerade abgeladenen Waren	
Packstücke auf äußerliche Beschädigungen überprüfen (Sichtkontrolle)	
Vollständigkeit der Begleitpapiere prüfen	
Die äußerliche Beschädigung eines Packstücks durch den Lkw-Fahrer auf dem Lieferschein festhalten und vom Lkw-Fahrer unterschreiben lassen	

2. Kreuzen Sie eine oder mehrere richtige Lösungen an.

Nachdem die Waren ausgepackt sind, stellen Sie bei der inhaltlichen Prüfung einer Warenlieferung fest, dass ein Teil der Güter nicht die in der Bestellung geforderte Qualität aufweist. Der anliefernde Lkw hat das Werksgelände bereits seit 2 Stunden verlassen. Welche Vorgehensweise ist richtig?

a) Die Ware wird ohne jegliche Rücksprache an den Lieferer zurückgesendet.

b) Wir treten sofort vom Vertrag mit dem Lieferer zurück und verklagen den Lieferer auf Schadensersatz.

c) Der Sachbearbeiter in der Warenannahme muss den Qualitätsmangel direkt der Rechnungsprüfung mitteilen, damit diese den Rechnungsbetrag kürzen kann.
d) Der Qualitätsmangel wird unverzüglich an den Einkauf gemeldet, der Einkäufer erteilt dem Lieferer unverzüglich eine Mängelrüge.
e) Für eine Mängelrüge ist es zu spät, da der Lkw-Fahrer den Mangel nicht mehr bestätigen kann.

3. Ihnen liegt folgender Wareneingangsschein vor:

Wareneingangsschein	Datum: 10. März [...]	Bestellmenge:
Nr. 2145		200 Stück
Lieferer: Lux GmbH Industriestraße 10 91052 Erlangen	Liefergegenstand: Leuchtstoffröhren T6 35W	Liefermenge Soll: 200 Stück
Lieferschein-Nr.: 5342	Versandverpackung: Euro-Palette	Liefermenge Ist: 190 Stück
Versandart: Lkw		

Welche Information können Sie dem Wareneingangsschein entnehmen:

a) Die bestellte Menge wurde tatsächlich geliefert.
b) Es wurde zwar die richtige Menge geliefert, jedoch weisen 10 Leuchtstoffröhren Qualitätsmängel auf.
c) Es wurde zwar die richtige Menge geliefert, jedoch entsprechen 10 Leuchtstoffröhren nicht der bestellten Art.
d) Es wurden 10 Leuchtstoffröhren zu wenig geliefert.
e) Die Lieferung ist zu spät eingetroffen.

4. Welche Fehler müssten im Rahmen einer sachlichen Rechnungsprüfung auffallen?

a) Statt „frei Haus" lautet die Lieferbedingung fälschlicherweise „ab Werk".
b) Es wird zwar der richtige Umsatzsteuersatz angegeben, der Umsatzsteuerbetrag ist jedoch zu hoch.
c) Die Multiplikation der Einzelpreise mit den Mengeneinheiten enthält einen Fehler.
d) Die Addition der einzelnen Positionen zum Gesamtrechnungsbetrag ist fehlerhaft.
e) Der Rabattbetrag wurde falsch ausgerechnet.
f) In der Bestellung wurde ein Nettoeinzelpreis von 12,00 € pro Stück angegeben, in der Rechnung beträgt der Nettoeinzelpreis plötzlich 14,00 € pro Stück.

5. In welcher Zeile befinden sich ausschließlich Punkte, die im Hinblick auf die rechnerische Richtigkeit einer Lieferantenrechnung zu prüfen sind?

a) Skontofrist, Bruttorechnungsbetrag, Rabattsatz

b) Rabattbetrag, Umsatzsteuerbetrag, Bruttorechnungsbetrag
c) Nettorechnungsbetrag, Versandkostenbetrag, Lieferbedingungen
d) Warenmenge, Warenart, Umsatzsteuerbetrag
e) Bruttorechnungsbetrag, Einzelpreise, Zahlungsbedingungen

2. Erweiterte ereignisgesteuerte Prozesskette

Ergänzen Sie die fehlenden Begriffe in der abgebildeten eEPK zum Wareneingang in einem Industriebetrieb.

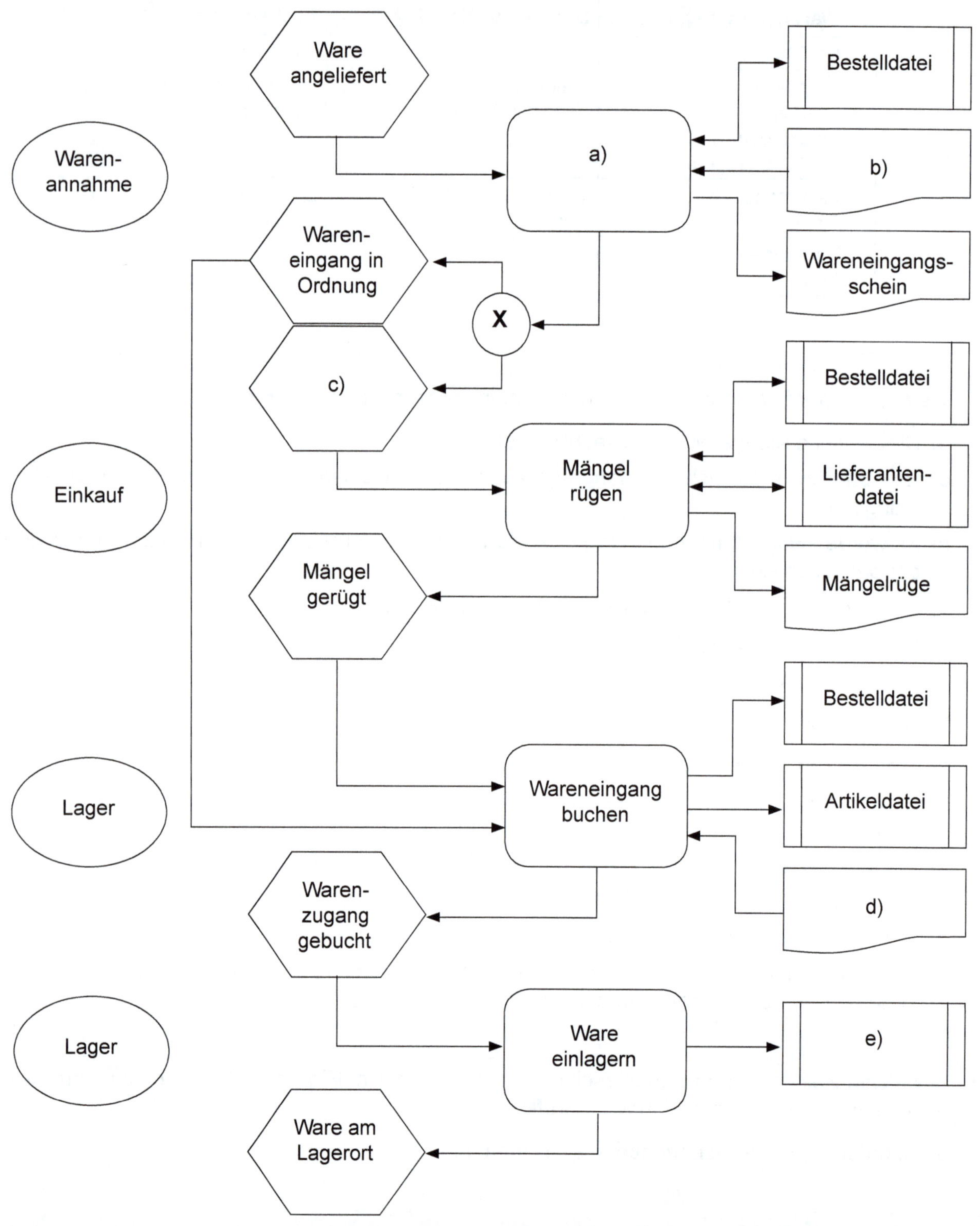

3. Fallsituation

Der Einkauf eines mittelständischen Maschinenbauunternehmens hat per Fax eine Bestellung mit folgendem Inhalt an einen Metallfachhändler gesendet:

...
Artikel-Nr.: 362142
Artikel: Gewindestangen
DIN 976, verzinkt, Güte 4,8, 1.000 mm lang, M 14, Rechtsgewinde
Menge: 500 Stück
Einzelpreis: 1,80 € netto zuzüglich Versandkosten
Lieferung innerhalb von 10 Tagen

Die Bestelldaten wurden einem aktuellen Lieferantenkatalog entnommen. Aus den Allgemeinen Geschäftsbedingungen des Lieferers lassen sich folgende Informationen entnehmen:

Warenwert	bis 500,00 €	höher als 500,00 €
Versandkosten netto	20,00 €	4 % des Warenwertes

Zahlungsbedingungen:
Zahlung innerhalb von 30 Tagen ohne Abzug
Zahlung innerhalb von 10 Tagen mit 2 % Skonto vom Rechnungsbetrag.

Der Lieferer sendet noch am gleichen Tag eine mit der Bestellung übereinstimmende Auftragsbestätigung. 8 Tage später trifft die Lieferung der Gewindestangen per Lkw ein.

a)
Beim Abladen der Waren vom Lkw fällt auf, dass ein Karton mit Gewindestangen bereits im Lkw umgefallen und aufgerissen ist. Ansonsten sind zu diesem Zeitpunkt keine äußerlichen Schäden bzw. Mängel erkennbar. Als die 500 Gewindestangen 2 Stunden später ausgepackt werden, stellt sich heraus, dass 50 der 500 Gewindestangen ein Linksgewinde besitzen und somit unbrauchbar sind. An den übrigen 450 Gewindestangen sind optisch keine Fehler zu erkennen. Erläutern Sie, was in diesem Fall zu tun ist.

b)
Sofort am nächsten Tag ersetzt der Lieferer die 50 falschen Gewindestangen durch 50 mangelfreie Gewindestangen mit Rechtsgewinde. Am gleichen Tag geht die Rechnung des Lieferers bei uns ein:

...
Rechnungs-Nr.: 200453

Gewindestangen, DIN 976, verzinkt, Güte 4,8, 1.000 mm lang, M 14, Rechtsgewinde

Artikel-Nr. 362142

Einzelpreis: 1,80 €	Menge: 500 Stück	gesamt	900,00 €
		Versandkosten:	45,00 €
		Nettobetrag:	945,00 €
		19 % USt:	179,55 €
		Bruttobetrag:	**1.124,55 €**

Zahlung innerhalb von 30 Tagen ohne Abzug oder innerhalb von 7 Tagen mit 2 % Skonto.

Prüfen Sie die Rechnung und korrigieren Sie evtl. auftretende Fehler. Wie ist im Falle der Fehler, die Sie gefunden haben, zu verfahren?

c)

Der Lieferer hat die Fehler korrigiert und lässt Ihnen noch am gleichen Tag eine fehlerlose Rechnung zukommen. Ermitteln Sie den Betrag, den Sie 10 Tage nach Rechnungseingang an den Lieferer überweisen.

d)

Eine Prozessanalyse hat ergeben, dass vom Eingang der Ware bis zur Freigabe der Rechnung durchschnittlich 6 Tage vergehen. Schlagen Sie eine Maßnahme vor, die den Prozess beschleunigen könnte. Erläutern Sie die gewählte Maßnahme.

Lösungen

1. Wissensfragen

1.1 Lernfragen

1. Um rechtliche Ansprüche aus einer Nicht-Rechtzeitig-Lieferung geltend machen zu können, muss der Lieferer grundsätzlich gemahnt werden. Bei nach dem Kalender bestimmten bzw. bestimmbaren Lieferterminen kann die Mahnung entfallen.

2. Sicherung von Rechtsansprüchen aus einer Schlechtleistung (Mangelhafte Lieferung) gegenüber Lieferern

Vermeidung von Qualitätsfehlern im eigenen Betrieb

Sicherung der Qualität gegenüber Kunden

3. Vollständigkeit der Begleitpapiere
   Richtige Adressierung der Ladung (Lieferschein)
   Übereinstimmung der abgeladenen Packstücke mit den Begleitpapieren (z. B. Packliste, Lieferschein)

4. Die äußeren Schäden schriftlich festhalten und vom Überbringer durch Unterschrift bestätigen lassen (z. B. auf Lieferschein). Damit wird ausgeschlossen, dass die Schäden erst durch unsachgemäße Behandlung des Käufers entstanden sind.

5. Art der Ware, Menge, Lieferbedingungen, Zahlungsbedingungen

6. Mit dem Lieferer in Verbindung setzen und die Rabattberechnung klären. Die Rechnung bis zur erfolgten Klärung für die Zahlung sperren.

1.2 Mehrfachauswahl

1.

Bearbeitungsschritt	Reihenfolge (Ziffer 1 bis 5)
Wareneingangsmeldung durchführen	**5**
Stichprobenartige Qualitätsprüfung der gerade abgeladenen Waren	**4**
Packstücke auf äußerliche Beschädigungen überprüfen (Sichtkontrolle)	**2**
Vollständigkeit der Begleitpapiere prüfen	**1**
Die äußerliche Beschädigung eines Packstücks durch den Lkw-Fahrer auf dem Lieferschein festhalten und vom Lkw-Fahrer unterschreiben lassen	**3**

2. d
Unverzügliche Prüf- und Rügepflicht. Der Einkäufer muss unterrichtet werden, um den Fall schnellstmöglich mit dem Lieferer zu klären. Eine Bestätigung des Mangels durch den Lkw-Fahrer ist nur bei äußerlich sichtbaren Schäden erforderlich. Der Qualitätsmangel wurde jedoch erst nach Auspacken der Ware entdeckt. Für eine Mängelrüge ist es demnach noch nicht zu spät.

3. d
Bestellte Menge und Liefermenge Soll = 200 Stück
Liefermenge Ist = 190 Stück
Folgerung: 10 Stück zu wenig geliefert

4. a und **f**
Lieferbedingungen und Einzelpreise sind Gegenstände der sachlichen Rechnungsprüfung.
Die anderen aufgeführten Fehler können nur über eine rechnerische Prüfung erkannt werden.

5. b
Rabattbetrag, Umsatzsteuerbetrag und Bruttorechnungsbetrag müssen rechnerisch kontrolliert werden. Warenmenge, Warenart, Skontofristen, Lieferbedingungen und Rabattsätze werden nicht rechnerisch, sondern sachlich geprüft.

2. Erweiterte ereignisgesteuerte Prozesskette

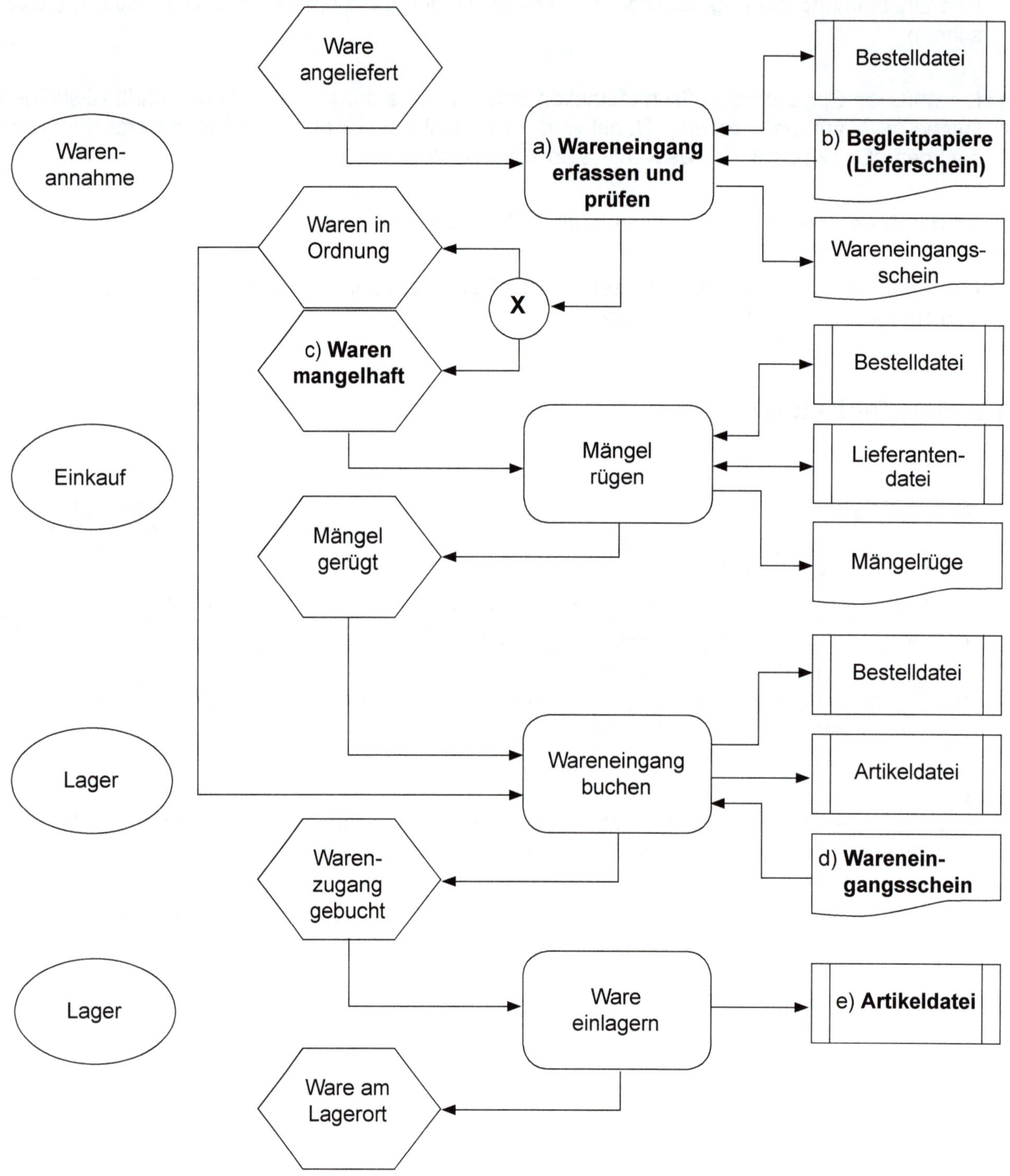

a)

Eingehende Waren werden erfasst und geprüft. Die Erfassung wird durch den Wareneingangsschein dokumentiert.

b)

Für die Prüfung werden neben der in der Bestelldatei hinterlegten Bestellung die Warenbegleitpapiere (insbesondere der Lieferschein) herangezogen.

c)

Die Wareneingangsprüfung kann zu der Feststellung führen, dass die Ware entweder mangelhaft oder in Ordnung ist.

d)

Die Buchung des Wareneingangs erfolgt auf Basis des Wareneingangsscheines.

e)

Der aktuelle Lagerbestand und der Lagerplatz werden in der Artikeldatei hinterlegt.

3. Fallsituation

a)

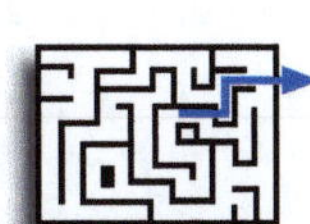

C

Der Lkw-Fahrer muss auf dem Lieferschein quittieren, dass ein Karton mit Gewindestangen bereits vor dem Abladen des Lkw beschädigt war. Die Warenannahme informiert den Einkauf über die Falschlieferung. Der Einkauf muss den Mangel unverzüglich rügen. Der Lieferer sollte deshalb noch am gleichen Tag über die Falschlieferung der 50 Linksgewinde benachrichtigt werden. Gleichzeitig kann man dem Lieferer mitteilen, dass 50 Gewindestangen mit einem Rechtsgewinde innerhalb einer bestimmten Nachfrist geliefert werden müssen und die 50 falschen Gewindestangen zur Abholung bereit stehen. Der Wareneingang ist unter Berücksichtigung der Falschlieferung zu erfassen (Wareneingangsmeldung).

b)

D

Die Rechnung enthält folgende Fehler:

Sachliche Prüfung:
Skontofrist: falsch: 7 Tage / richtig: 10 Tage

Rechnerische Prüfung:
Versandkosten: falsch: 45,00 € / richtig: 36,00 € (4 % von 900,00 €)

Folgefehler: Nettobetrag: 936,00 € / 19 % USt: 177,84 € / Bruttobetrag: 1.113,84 €
Die Fehler sind mit dem Lieferer zu klären. Die Rechnung wird bis zur erfolgten Klärung für die Zahlung gesperrt.

c)

B

Die Skontofrist von 10 Tagen ist eingehalten.

1.113,84 €	Bruttorechnungsbetrag
- 22,28 €	2 % Skonto vom Rechnungsbetrag
= 1.091,56 €	Überweisungsbetrag

d)

E

z. B. Einbindung von Lieferern in das Qualitätsmanagementsystem des Maschinenbauers. Die Lieferer erhalten vom Maschinenbauer qualitätsbezogene Schulungen. Der Maschinenbauer bzw. anerkannte Prüfgesellschaften (TÜV, DQS) führen bei den Lieferern Qualitätsaudits durch. Die Lieferer müssen bestimmte Zertifizierungen (z. B. nach DIN ISO 9001:2000 etc.) nachweisen. Die höhere Qualität beim Lieferanten vereinfacht die Wareneingangsprüfung.

4. Lieferantenmanagement

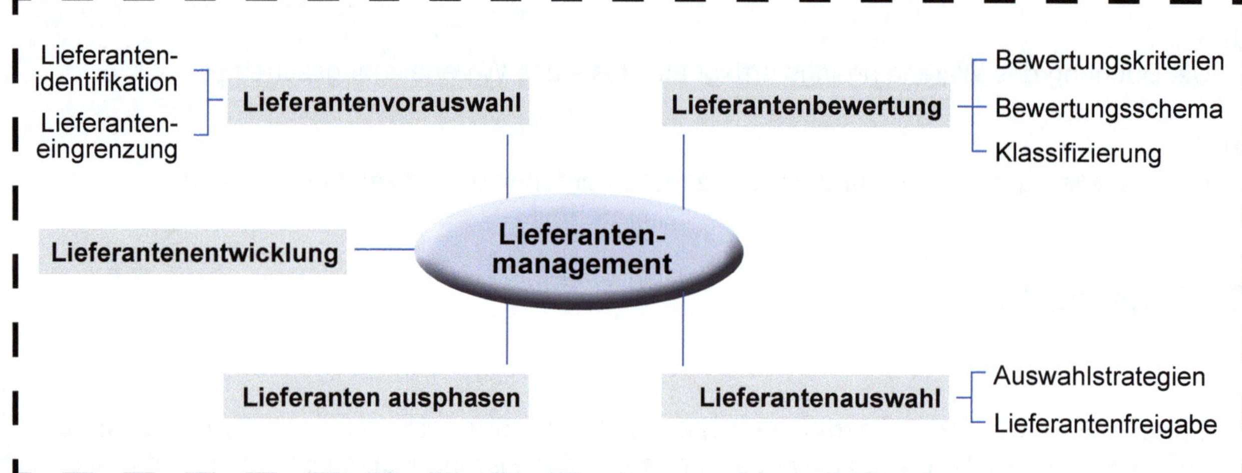

Was muss ich für die Prüfung wissen?

1. Lieferantenmanagement – Definition

Lieferantenmanagement umfasst alle Schritte von der Identifikation potenzieller Lieferanten über die Bewertung der Lieferanten bis hin zur konkreten Gestaltung der Lieferantenbeziehungen. Es ist ein Kernbestandteil des Supply Chain Management und leistet einen wichtigen Beitrag zur Optimierung der Wertschöpfungskette. Organisatorisch gesehen fällt das Lieferantenmanagement in die Zuständigkeit des strategischen Einkaufs. Der strategische Einkauf führt diese Aufgabe zentral für das gesamte Unternehmen oder eine gesamte Sparte durch. Die operativen Einkaufseinheiten können die Ergebnisse des Lieferantenmanagements über das unternehmensweite Einkaufsnetzwerk für die alltäglichen dezentralen Beschaffungsentscheidungen nutzen.

2. Der Lieferantenmanagementprozess

Der Lieferantenmanagementprozess lässt sich in fünf wesentliche Schritte gliedern:

Lieferantenvorauswahl:

Ziel: Potenziell geeignete Lieferanten finden.

Geeignete Lieferer werden identifiziert und nach bestimmten Anforderungskriterien eingegrenzt.

Lieferantenbewertung:

Ziel: Die Leistung der Lieferer nach möglichst einheitlichen und objektiven Kriterien messen.

Es erfolgt eine systematische und regelmäßige Beurteilung der Leistungsfähigkeit der Lieferanten.

Lieferantenauswahl:

Ziel: Die besten Lieferer für die Beschaffungsprozesse auswählen.

Es wird ein optimales Lieferantenportfolio erstellt, das für jedes Materialfeld Vorzugs- bzw. Stammlieferanten bestimmt.

Lieferantenentwicklung:

Ziel: Verbesserung der Leistungsfähigkeit der Lieferanten.

Durch kooperative Maßnahmen soll die Leistung der Lieferer optimiert werden.

Ausphasen von Lieferanten:

Ziel: Schlechte Lieferer reibungslos ausgliedern.

Lieferanten, die den Anforderungen nicht mehr genügen, werden unter Berücksichtigung der möglichen Konsequenzen aus der Wertschöpfungskette und dem Lieferantenpool entfernt.

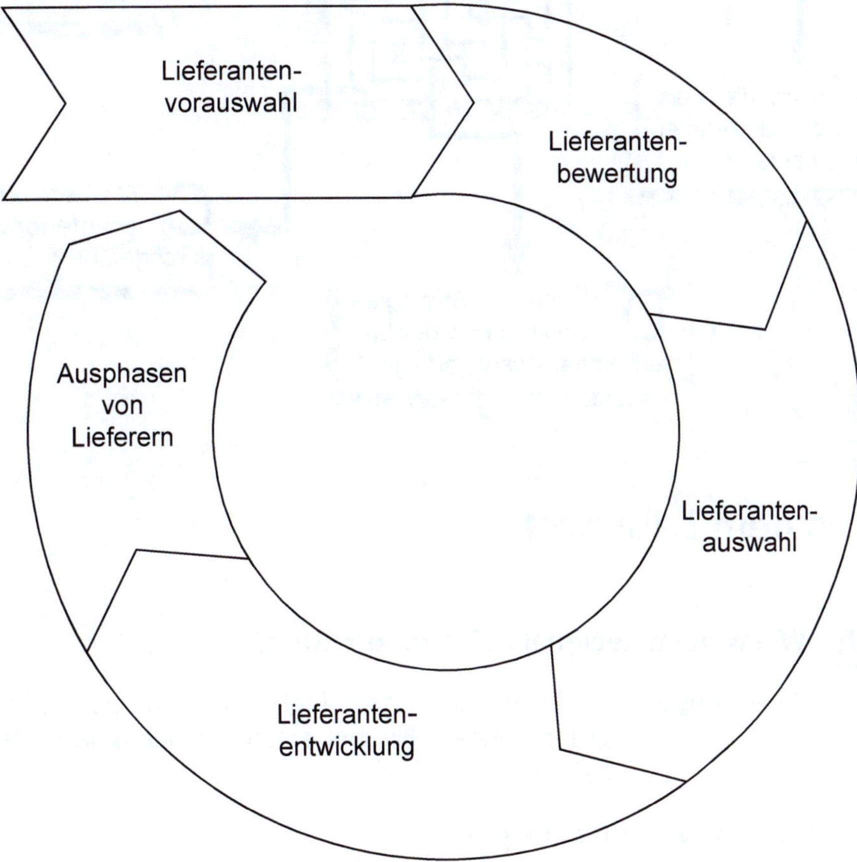

Der Lieferantenmanagementprozess ist ein Kreislaufprozess: Die ausgewählten Lieferer werden regelmäßig neu bewertet. Erst mit dem Ausscheiden eines Lieferers aus dem Lieferantenpool (Ausphasen) endet der Prozess.

Was erwartet mich in der Prüfung?

1. Das Lernlabyrinth

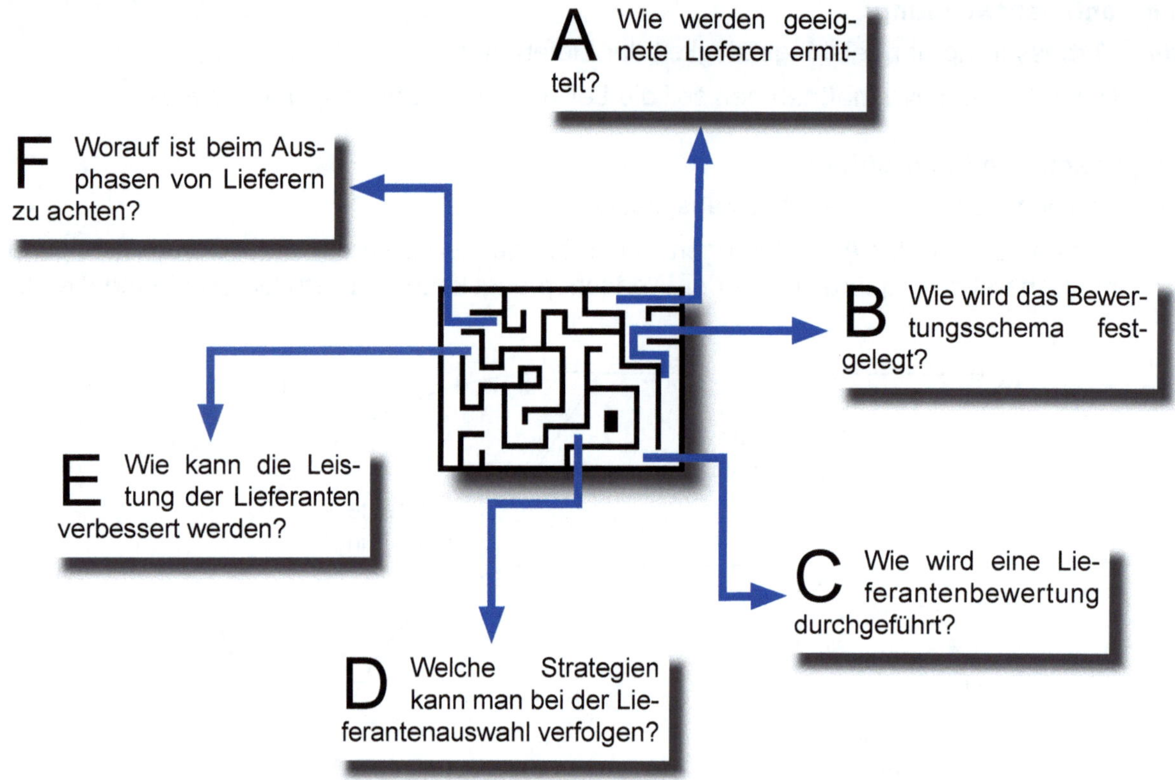

2. Wege aus dem Labyrinth

A Wie werden geeignete Lieferer ermittelt?

Ihre Aufgabe: Sie sollen geeignete Lieferanten für eine bestimmte Artikelgruppe finden. Hierbei empfiehlt sich eine systematische Vorgehensweise:

1. **Lieferantenidentifikation:**
   In einem ersten Schritt werden die Anbieter ermittelt, die von ihrer Produktpalette und Technologie her überhaupt als potenzielle Lieferer infrage kommen. Hierbei können externe und interne Informationsquellen genutzt werden (vgl. Kapitel III.1).

2. **Lieferanteneingrenzung:**
   Anschließend wird der Kreis der Lieferer durch die Zugrundelegung eines bestimmten Anforderungsprofils eingeengt.

   Hierbei können helfen:

   - „k. o.“-Kriterien: z. B. Nichterfüllung qualitativer Mindeststandards, Gesetzesverstöße, Gewährleistungs-/Haftungsausschlüsse, zu hohe Preise etc.

- Lieferantenbefragung: Mithilfe standardisierter und zum Teil elektronischer Fragebögen werden Lieferantenauskünfte eingeholt.
- Zertifikate (Qualitätsnormen, z. B. DIN EN ISO 9001:2000 etc.)

In diesem Stadium müssen unzuverlässige bzw. qualitativ schwache Lieferer unbedingt erkannt und ausgesiebt werden, damit diese später keine Chance haben, einen Auftrag bzw. Rahmenvertrag zu erhalten.

B Wie wird das Bewertungsschema festgelegt?

Ihre Aufgabe: Sie sollen ein Schema für die Lieferantenbewertung aufstellen.

Beachten Sie bei der Bewertung drei Grundsätze:

- Transparenz: Die Bewertung soll nachvollziehbar sein.
- Objektivität: Die Bewertung soll anhand konkreter Messgrößen erfolgen.
- Kontinuität: Die Bewertung soll in regelmäßigen Abständen wiederholt werden.

1. Schritt: Bewertungskriterien festlegen

Kategorie	Beschreibung der Kriterien	Messgrößen
Preis (bzw. Kosten)	Alle kosten- bzw. liquiditätsbeeinflussenden Faktoren des Beschaffungsprozesses	Einstandspreis, Skontofrist, Zahlungsziel, Garantiezeit etc.
Qualität	Alle qualitätsrelevanten Faktoren (Qualität der Endprodukte, Prozessqualität, Servicequalität, Qualitätsmanagementsystem etc.)	Qualitätszertifikate (z. B. nach DIN EN ISO Normen), First Pass Yield (FPY), Fehlerquote, Reklamationsquote
Logistik	Logistische Kompetenz (Zuverlässigkeit, Flexibilität, Reaktionsschnelligkeit etc.)	Lieferfähigkeit, Liefertreue, Lieferzeit, Lieferservicegrad etc.
Technologie	Technologische Kompetenz und Innovationsfähigkeit (Forschungs- und Entwicklungsprojekte, Technologie-Roadmaps, technologische Kooperationsbereitschaft etc.)	Patente, Auszeichnungen (Innovationspreise), FuE-Investitionen etc.

Wählen Sie nun aus der Vielzahl möglicher Kriterien diejenigen aus, die Sie für die Bewertung der Lieferanten als maßgeblich erachten.

Fallbeispiel:
In einem Industrieunternehmen soll ein Schema für die Bewertung von Fremdbauteillieferern für die Endmontage erstellt werden. Es werden folgende Kriterien in die Bewertung aufgenommen.

1. Preis	2. Qualität	3. Logistik	4. Technologie
1.1 Einstandspreis 1.2 Zahlungsbedingungen 1.3 Garantiebedingungen	2.1 Produktqualität 2.2 Servicequalität 2.3 Qualitätsmanagementsystem	3.1 Zuverlässigkeit 3.2 Lieferzeit 3.3 Flexibilität	4.1 Innovationskraft 4.2 Fertigungsverfahren 4.3 Technologische Kooperation

2. Schritt: Gewichtung der Kriterien bestimmen

In der Regel sind nicht alle Kriterien für die Lieferantenbewertung gleich wichtig. Mithilfe von Gewichtungsfaktoren wird die unterschiedliche Bedeutung der Kriterien rechnerisch berücksichtigt. Anstelle von Gewichtungsfaktoren kann auch mit unterschiedlich hohen Maximalpunktzahlen gearbeitet werden.

Je höher der Gewichtungsfaktor bzw. je höher die Maximalpunktzahl, um so wichtiger ist das Kriterium für die Lieferantenbewertung.

1. Preis **Gewichtung: 30 %**	**2. Qualität** **Gewichtung 30 %**	**3. Logistik** **Gewichtung 20 %**	**4. Technologie** **Gewichtung 20 %**
1.1 Einstandspreis maximal: 10 Punkte	2.1 Produktqualität maximal: 10 Punkte	3.1 Zuverlässigkeit maximal: 10 Punkte	4.1 Innovationskraft maximal: 10 Punkte
1.2 Zahlungsbedingungen maximal: 5 Punkte	2.2 Servicequalität maximal: 5 Punkte	3.2 Lieferzeit maximal: 8 Punkte	4.2 Fertigungsverfahren maximal: 8 Punkte
1.3 Garantiebedingungen maximal: 5 Punkte	2.3 Qualitätsmanagement-system maximal: 10 Punkte	3.3 Flexibilität maximal: 8 Punkte	4.3 Technologische Kooperation maximal: 6 Punkte

Ein allgemeingültiges Schema für die Lieferantenbewertung existiert nicht. Welche Kriterien für die Bewertung herangezogen und wie diese gewichtet werden, hängt von den branchenspezifischen Anforderungen, betriebsbezogenen Faktoren (Betriebsgröße, Marktposition etc.) sowie der Art der Beschaffungsobjekte ab (A-/B-/C-Teile, X-/Y-/Z-Teile, Fertigungsmaterial, Software oder Dienstleistungen).

C **Wie wird eine Lieferantenbewertung durchgeführt?**

Ihre Aufgabe: Bewerten Sie einen konkreten Lieferer. Basis für die Durchführung einer Lieferantenbewertung ist das zuvor erarbeitete Bewertungsschema (siehe B). Sie sollen das Bewertungsschema auf einen bestimmten Lieferanten anwenden und vervollständigen.

1. Schritt: Lieferantenanalyse
Der Lieferant wird im Hinblick auf die Erfüllung der im Bewertungsschema festgelegten Kriterien analysiert. Dies kann beispielsweise mithilfe eines Blickes auf die Kennzahlen, Betriebsbesichtigungen, Befragungen oder Tests geschehen. Bei strategisch besonders wichtigen Lieferantenbeziehungen führt der Abnehmer selbst beim Lieferer Audits durch und vergibt Zertifikate (z. B. große Automobilhersteller bei Just-in-time-Zulieferbetrieben).

2. Schritt: Punktevergabe
Vergeben Sie Punkte für die Erfüllung der einzelnen Kriterien. Je besser ein Lieferer ein Kriterium erfüllt, um so mehr Punkte bekommt er.

3. Schritt: Erfüllungsgrad ermitteln
Um die Diskrepanz zwischen tatsächlicher und idealer Zielerfüllung möglichst einheitlich darzustellen, werden die Punkte häufig in einen prozentualen Erfüllungsgrad umgerechnet.

$$\text{Erfüllungsgrad} = \frac{\text{erreichte Punktzahl}}{\text{Maximalpunktzahl}} \cdot 100\ \%$$

Ideal wäre ein Erfüllungsgrad von 100 %.

4. Schritt: Gewichtung
Multiplizieren Sie den erreichten Erfüllungsgrad eines jeden Kriteriums mit dem vorgegebenen Gewichtungsfaktor.

5. Schritt: Gesamtergebnis ermitteln
Addieren Sie die gewichteten Erfüllungsgrade und berechnen Sie den Gesamterfüllungsgrad (ideal = 100 %).

Fallbeispiel (Fortsetzung von B):

1. Preis Gewichtung: 30 %	**2. Qualität Gewichtung 30 %**	**3. Logistik Gewichtung 20 %**	**4. Technologie Gewichtung 20 %**
1.1 Einstandspreis maximal: 10 Punkte erreicht: 7 Punkte	2.1 Produktqualität maximal: 10 Punkte erreicht: 8 Punkte	3.1 Zuverlässigkeit maximal: 10 Punkte erreicht: 8 Punkte	4.1 Innovationskraft maximal: 10 Punkte erreicht: 9 Punkte
1.2 Zahlungsbedingungen maximal: 5 Punkte erreicht: 4 Punkte	2.2 Servicequalität maximal: 5 Punkte erreicht: 4 Punkte	3.2 Lieferzeit maximal: 8 Punkte erreicht: 5 Punkte	4.2 Fertigungsverfahren maximal: 8 Punkte erreicht: 7 Punkte
1.3 Garantiebedingungen maximal: 5 Punkte erreicht: 3 Punkte	2.3 Qualitätsmanagementsystem maximal: 10 Punkte erreicht: 9 Punkte	3.3 Flexibilität maximal: 8 Punkte erreicht: 7 Punkte	4.3 Technologische Kooperation maximal: 6 Punkte erreicht: 4 Punkte
Summe: maximal: 20 Punkte erreicht: 14 Punkte Erfüllungsgrad: 70 %	Summe: maximal: 25 Punkte erreicht: 21 Punkte Erfüllungsgrad: 84 %	Summe: maximal: 26 Punkte erreicht: 20 Punkte Erfüllungsgrad: 76,9 %	Summe: maximal: 24 Punkte erreicht: 20 Punkte Erfüllungsgrad: 83,3 %
Gesamtergebnis: Erfüllungsgrad 78,2 %			
Erläuterung: 70 % · 0,3 + 84 % · 0,3 + 76,9 % · 0,2 + 83,3 % · 0,2 = 78,2 %			

Nicht alle Kriterien sind objektiv anhand von Kennzahlen quantifizierbar! Bewertungskriterien wie z. B. die Flexibilität oder Kooperationsbereitschaft von Lieferern unterliegen bei der Beurteilung stark subjektiven Einflüssen.

Die Bewertung sollte nicht allein auf der Meinung einer einzelnen Person beruhen. Sinnvoll wäre die Einbeziehung von Mitarbeitern aus unterschiedlichen Funktionsbereichen in den Bewertungsprozess (Crossfunktionale Teams), um möglichst viele Perspektiven abzudecken und ein repräsentatives Ergebnis zu erhalten.

6. Lieferantenklassifizierung
Ordnen Sie die bewerteten Lieferer nach dem Gesamterfüllungsgrad einer bestimmten Lieferantenklasse zu. Wie viele Lieferantenklassen gebildet werden, ist Ermessenssache. In jedem Fall ist aber ein bestimmter Erfüllungsgrad festzulegen, den ein Lieferant mindestens erreichen muss, damit überhaupt Beschaffungsverträge mit ihm abgeschlossen werden dürfen.

Fallbeispiel:

Zielerreichungsgrad	Lieferantenklasse	Bedeutung / Konsequenz
100 % bis 90 %	herausragend	Der Lieferer gehört zu den besten Anbietern und kommt als Stamm- bzw. Vorzugslieferant auch für strategisch wichtige Beschaffungsobjekte infrage.
89 % bis 75 %	gut	Der Lieferer erfüllt die Anforderungen weitestgehend und ist für Vertragsabschlüsse grundsätzlich freigegeben.
74 % bis 50 %	mittelmäßig	Der Lieferer erfüllt die Anforderungen nur zum Teil und darf erst nach fallweiser Prüfung durch den Vorgesetzten für Vertragsabschlüsse freigegeben werden.
0 % bis 49 %	unzureichend	Der Lieferer erfüllt die Anforderungen nicht und ist für Vertragsabschlüsse jeglicher Art gesperrt.

Die Ergebnisse der Lieferantenbewertung werden in die betriebsinterne Lieferantendatei aufgenommen und gespeichert, wo sie für zukünftige Sourcing-Entscheidungen zur Verfügung stehen.

D Welche Strategien kann man bei der Lieferantenauswahl verfolgen?

Auf Grundlage der Lieferantenbewertung und -klassifizierung wird ein optimales Lieferantenportfolio erstellt, das für die verschiedenen Materialgruppen Vorzugs- bzw. Stammlieferanten bestimmt. Hier besteht eine Schnittstelle zum operativen Einkauf: Bei der Vergabe konkreter Beschaffungsaufträge greifen die meist dezentral organisierten operativen Einheiten auf die in der zentralen Lieferantendatei hinterlegten Informationen zu.

Ihre Aufgabe: Sie sollen mögliche Lieferantenauswahlstrategien erläutern, die für die Bestimmung der Stamm- bzw. Vorzugslieferanten infrage kommen:

Single Sourcing (Einquellenbeschaffung):
Pro Materialgruppe wird **ein** Stammlieferant festgelegt, mit dem eine intensive Kooperation angestrebt wird.

Ziele: Technologietransfer, Qualitätssteigerung, Optimierung des Logistikkonzeptes, gemeinsame Initiativen zur Kostensenkung

Multiple/Parallel Sourcing (Mehrquellenbeschaffung):
Pro Materialgruppe werden mehrere Lieferer als Bezugsquelle genutzt.

Ziele: Wettbewerb unter den Lieferern, Gewährleistung der Materialversorgung, Vermeidung der Abhängigkeit von einzelnen Lieferanten

Modular Sourcing (Modulare Beschaffung):
Beschaffung von ganzen Modulen bzw. Baugruppen von einem Lieferer

Ziele: Durchlaufzeitverkürzung, Verschlankung des eigenen Beschaffungs- und Produktionsprozesses

Global Sourcing (Weltweite Beschaffung):
Beschaffung von Lieferern in der ganzen Welt über ein globales Einkaufsnetzwerk

Ziele: Regionale Kostenunterschiede der Zulieferer ausnutzen, Minimierung von Transportkosten, Vermeidung von Zöllen und Wahrung des „Local Content" bei Auslandsprojekten

E Wie kann die Leistung der Lieferanten verbessert werden?

Um die Leistungsfähigkeit eines Lieferers zu steigern, wird eine systematische Lieferantenentwicklung durchgeführt. Die Erkenntnisse der Lieferantenbewertung helfen, Schwächen und Entwicklungspotenziale der Lieferer aufzudecken, und bieten somit Ansatzpunkte für Entwicklungsmaßnahmen.

Ihre Aufgabe: Schlagen Sie mögliche Maßnahmen der Lieferantenentwicklung vor.

Zielvereinbarungen:
Zusammen mit dem Lieferanten werden Zielvereinbarungen getroffen, in denen klar definierte und messbare Leistungssteigerungen bzw. Kostensenkungen angestrebt werden. Die Zielvereinbarungen werden regelmäßig auf ihre Einhaltung überprüft und angepasst.

Lieferantenauditierung:
Der Abnehmer auditiert den Lieferer nach eigenen Maßstäben. Der Lieferer erhält nach einer erfolgreichen Auditierung ein Zertifikat. Solche Audits werden vor allem dann durchgeführt, wenn die unternehmensspezifischen Anforderungen deutlich anspruchsvoller sind als die allgemeinen Normen (z. B. nach DIN EN ISO). Dies ist z. B. bei großen Automobilkonzernen der Fall.

Kooperation:
Zusammen mit dem Lieferer werden Strategien und Konzepte zur Kostensenkung, Qualitätsverbesserung, Technologieförderung oder Verbesserung des Logistiksystems erarbeitet. Ein intensiver Wissens- und Technologietransfer findet statt. Gemeinsame Technologie-Roadmaps werden entworfen, in denen der Zeitrahmen für die Produktentwicklung abgesteckt wird.

„Win-Win-Situationen“:
Nur wenn sowohl der Abnehmer als auch der Lieferer profitieren, ist die Zusammenarbeit auf Dauer fruchtbar. Die Aussicht auf einen nachhaltigen Nutzen machen Lieferer offen für Kooperationen und gemeinsame Initiativen. Mögliche Anreize aus Sicht des Lieferers können sein: langfristige Rahmenverträge, Zusicherung jährlicher Mindestabnahmemengen, Know-How-Transfer, Unterstützung bei der Qualitätsverbesserung etc.

Lieferantenintegration:
Der Lieferer wird in die eigene Wertschöpfungskette integriert. Er wird von Anfang an in die Produktentwicklung, die Einführung von Qualitätsmanagementsystemen und Kostensenkungsinitiativen einbezogen. An das eigene Werk angeschlossene Supplier Parks (Zuliefererparks) sorgen für eine räumliche Nähe zu den wichtigsten Lieferanten. Sie erleichtern und beschleunigen sowohl den Informations- als auch den Materialfluss. Derartige Modelle werden in der Automobilindustrie (insbesondere bei A-Teil-Lieferanten) häufig praktiziert.

F Worauf ist beim Ausphasen von Lieferern zu achten?

Erfüllt ein Lieferer das Anforderungsprofil nicht mehr in ausreichendem Maße und ist eine Verbesserung auf absehbare Zeit nicht zu erwarten, wird er aus der Wertschöpfungskette ausgegliedert. Da dies jedoch mit Problemen und Risiken verbunden sein kann, muss der Prozess des „Ausphasens“ sorgfältig geplant werden.

Ihre Aufgabe: Welche Aspekte müssen Sie beim Ausphasen eines Lieferers beachten?

Achten Sie auf die Vertragslaufzeiten!
Schlechte Lieferer können in der Regel nicht einfach von heute auf morgen abgestoßen werden. Die Laufzeit bestehender Rahmenverträge ist zu berücksichtigen. Je nach Vertragsgestaltung rechtfertigen bestimmte Gründe eine vorzeitige Vertragsauflösung (z. B. Nichteinhaltung von Qualitätsvereinbarungen oder Lieferterminen).

Die Materialversorgung muss gewährleistet bleiben!
Oft bezieht der Abnehmer mehrere Artikel von einem Lieferer. Es ist zu prüfen, bei welchen Artikeln der Lieferant ausgetauscht werden kann und bei welchen er nicht ersetzbar ist. Stellt ein Lieferer die einzige Bezugsquelle für bestimmte Materialien dar, kann man ihn nicht ohne weiteres ausphasen. Es muss bereits vorher sichergestellt werden, dass es einen geeigneten Nachfolgelieferanten gibt.

Beachten Sie die Ersatzteilpflicht!
Nach allgemeiner Rechtsauffassung muss der Hersteller von Produkten eine angemessen lange Versorgung mit Ersatzteilen gewährleisten können. Beim Ausphasen eines Lieferers ist deshalb die Auswirkung auf die Ersatzteilversorgung zu berücksichtigen. Kommt der auszuphasende Lieferant nicht mehr für die Ersatzteile infrage, muss rechtzeitig nach alternativen Bezugsquellen Ausschau gehalten werden.

Achten Sie auf gewerbliche Schutzrechte!
Im Rahmen der technologischen Zusammenarbeit werden oft Patente des Technologiepartners genutzt. Im Falle einer Trennung ist die patentrechtliche Situation genau zu überprüfen, um unerwünschtem Know-How-Transfer und eventuellen Schadensersatzforderungen aus Patentverletzungen vorzubeugen. Das Gleiche gilt für Gebrauchs- und Geschmacksmuster sowie den Markenschutz.

Verhalten Sie sich fair gegenüber den Lieferern!
Der Umgang mit Lieferern beeinflusst das Firmenimage. Ein rücksichtsloses Ausphasen von Lieferanten hinterlässt einen negativen Eindruck auf dem Beschaffungsmarkt und kann sogar die Kundenbeziehungen negativ beeinträchtigen, da Lieferer oft auch zu den potenziellen Kunden zählen. Der Ausstieg aus der Lieferbeziehung sollte deshalb gemeinsam mit dem betroffenen Lieferanten geplant und vorbereitet werden. Kostspielige Rechtsstreitigkeiten lassen sich dadurch oft schon im Vorfeld vermeiden.

So trainiere ich für die Prüfung

Aufgaben

1. Wissensfragen

1.1 Lernfragen

1. Nennen Sie zwei Ziele, die mit einem zentral durchgeführten Lieferantenmanagement angestrebt werden.
2. Führen Sie drei Grundsätze an, die bei der Lieferantenbewertung gewährleistet sein sollten.
3. Geben Sie für die Bewertungskategorien Preis, Logistik, Technologie und Qualität jeweils zwei konkrete Messgrößen an.
4. Erklären Sie, an welcher Stelle des Lieferantenmanagementprozesses eine Schnittstelle zwischen strategischem und operativem Einkauf besteht.
5. Begründen Sie, warum es sich beim Lieferantenmanagement um einen kreislaufartigen Prozess handelt.
6. Erläutern Sie, welchen Beitrag folgende Mitarbeiter innerhalb eines Sourcing-Committees sinnvoll leisten können: Produktentwickler, Vertriebskaufmann, Fertigungsplaner
7. Führen Sie zwei konkrete Maßnahmen an, mithilfe derer die Leistungsfähigkeit von Lieferanten verbessert werden könnte.
8. Zählen Sie zwei potenzielle Risiken auf, die beim Ausphasen von Lieferanten berücksichtigt werden müssen.

1.2 Mehrfachauswahl

1. Bringen Sie folgende Teilprozesse des Lieferantenmanagements in die richtige Reihenfolge.

Bearbeitungsschritt	Reihenfolge (Ziffer 1 bis 5)
Festlegung von Stammlieferanten für eine bestimmte Materialgruppe	
Lieferanten anhand eines Bewertungsschemas beurteilen	
Lieferanten klassifizieren	
Eingrenzung der potenziellen Lieferer mithilfe eines Anforderungsprofils	
Potenzielle Lieferanten identifizieren	

2. Kreuzen Sie eine oder mehrere richtige Lösungen an.

   Welche Tätigkeiten gehören nicht zum Lieferantenmanagement?

   a) Bildung eines Sourcing-Committees zur Festlegung eines Anforderungsprofils für die Lieferantenvorauswahl.

   b) Die Einhaltung der Liefertermine für konkrete Bestellungen überwachen.

c) Einen neuen Lieferer anhand eines Kriterienkataloges im Hinblick auf seine Leistungsfähigkeit bewerten.
d) Eine Lieferung von Fremdbauteilen für die Montagelinie auf Abruf über EDI (Electronic Data Interchange) bei einem Stammlieferanten veranlassen.
e) Eine Zielvereinbarung zur Kostensenkung mit einem Lieferanten treffen.
f) Einen Lieferer, der mehrfach gegen sicherheitsrelevante Qualitätsvorschriften verstoßen hat, für die Teilnahme am elektronischen Einkaufssystem sperren.
g) Eine Lieferantenrechnung nach erfolgter Rechnungsprüfung zur Zahlung freigeben.

3. Ordnen Sie folgende Tätigkeiten dem entsprechenden Teilprozess des Lieferantenmanagements zu.

a) Für eine bestimmte Materialgruppe einen Stammlieferanten festlegen.
b) In einem Branchenverzeichnis nach potenziell geeigneten Lieferern suchen.
c) Den Grad der Anforderungserfüllung eines Lieferers anhand eines Kriterienkataloges ermitteln.
d) Gemeinsam mit einem Lieferer ein Kostensenkungsprogramm erarbeiten.
e) Den Kreis möglicher Lieferanten auf diejenigen begrenzen, die nach DIN EN ISO 9001:2000 zertifiziert sind.
f) Überprüfen, welche Bauteile und Baugruppen von der Auflösung eines Lieferantenvertrages betroffen wären.
g) Einen Lieferer aufgrund seines Erfüllungsgrades als „herausragend“ einstufen.

Teilprozesse des Lieferantenmanagements	Aufgaben
Lieferantenvorauswahl	
Lieferantenbewertung und -klassifizierung	
Lieferantenauswahl	
Lieferantenentwicklung	
Ausphasen von Lieferern	

4. Welche Zeile enthält Messgrößen für die Lieferantenbewertung in den Kategorien Qualität, Technologie und Logistik?

a) Lieferfähigkeit, Fehlerquote, Skontofrist
b) Liefertreue, Treuerabatt, Fehlerquote
c) Patentanzahl, Lieferfähigkeit, Mitarbeiterzahl
d) Kundenreklamationsquote, Höhe der FuE-Investitionen, Umsatz
e) Ausschussquote, Liefertreue, Patentanzahl.

5. In welchem Fall liegt „Modular Sourcing“ vor?

a) Ein Werkzeugbau-Betrieb bezieht alle C-Teile von einem Lieferer.
b) Ein Lkw-Hersteller bezieht Motoren von einem Motorenhersteller.
c) Ein Maschinenbau-Betrieb beschafft Schrauben von verschiedenen Lieferern.
d) Ein Computerhersteller kauft Speicherchips in vier verschiedenen Ländern ein.
e) Ein Reifenhersteller schließt einen Rahmenvertrag über die Lieferung von Gummi ab.

2. Erweiterte ereignisgesteuerte Prozesskette

Die abgebildete eEPK zeigt einen Ausschnitt aus dem Lieferantenmanagementprozess in einem Industriebetrieb. Ausgangssituation: Es wird ein neuer Just-in-time-Lieferant von A-Teilen für die Montage gesucht. Ein potenzieller Lieferer hat die Lieferantenvorauswahl bestanden. Ergänzen Sie die fehlenden Begriffe bzw. Zeichen sinnvoll.

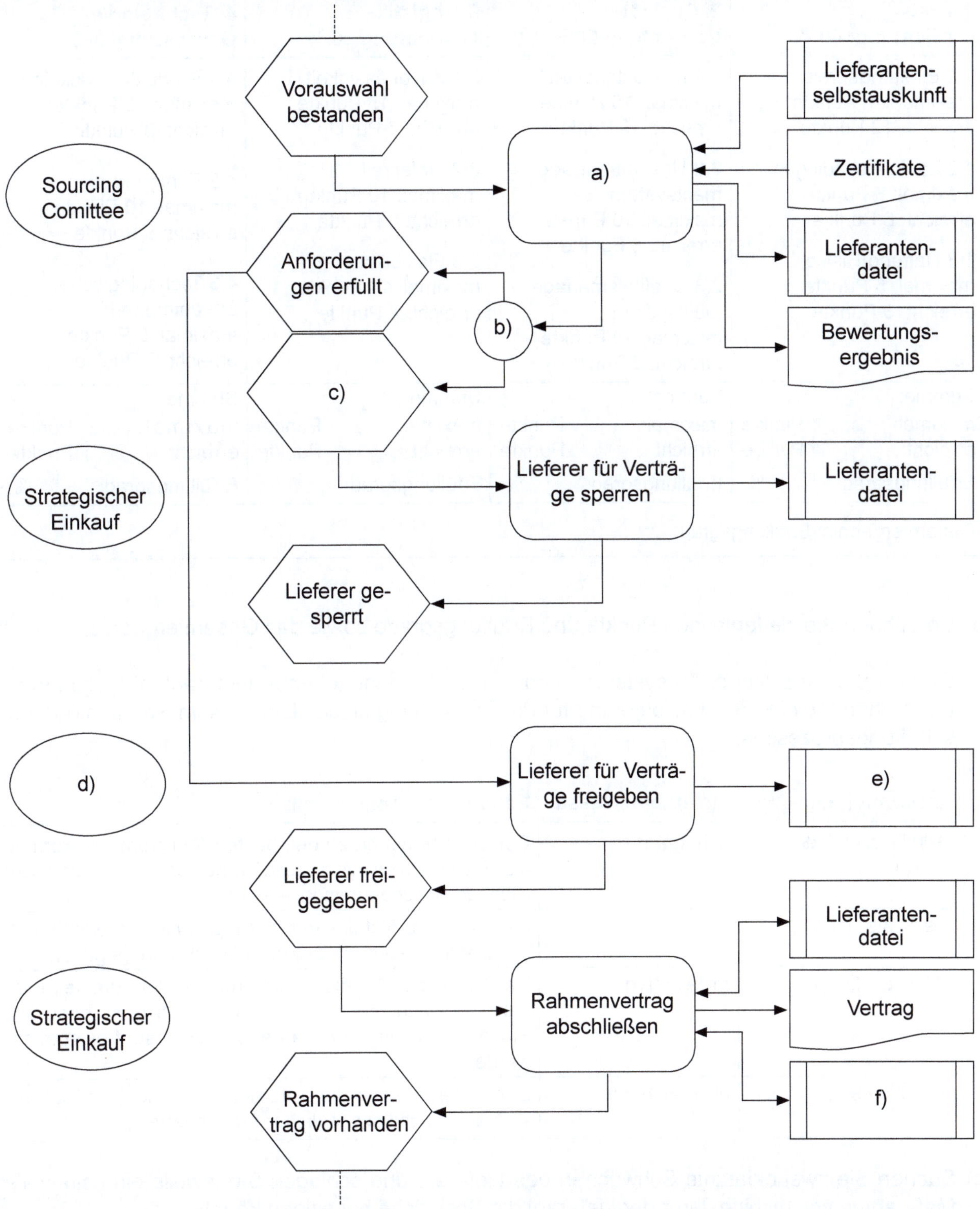

3. Fallsituation

Ein Industrieunternehmen führt eine Lieferantenbewertung durch und kommt zu folgenden Werten:

Lieferantenbewertung: Erlanger Türsysteme GmbH

1. Preis Gewichtung: 40 %	**2. Qualität Gewichtung 20 %**	**3. Logistik Gewichtung 20 %**	**4. Technologie Gewichtung 20 %**
1.1 Einstandspreis maximal: 15 Punkte erreicht: 12 Punkte 1.2 Zahlungsbedingungen maximal: 8 Punkte erreicht: 6 Punkte 1.3 Haftung/Risiko maximal: 5 Punkte erreicht: 3 Punkte	2.1 Produktqualität maximal: 15 Punkte erreicht: 10 Punkte 2.2 Umweltmanagementsystem maximal: 10 Punkte erreicht: 8 Punkte 2.3 Qualitätsmanagementsystem maximal: 10 Punkte erreicht: 2 Punkte	3.1 Zuverlässigkeit maximal: 15 Punkte erreicht: 7 Punkte 3.2 Lieferzeit maximal: 10 Punkte erreicht: 8 Punkte 3.3 Flexibilität maximal: 10 Punkte erreicht: 8 Punkte	4.1 Produktentwicklung maximal: 10 Punkte erreicht: 8 Punkte 4.2 Fertigung maximal: 10 Punkte erreicht: 8 Punkte 4.3 Technologische Zusammenarbeit maximal: 5 Punkte erreicht: 3 Punkte
Summe: maximal: Punkte erreicht: Punkte Erfüllungsgrad: %	Summe: maximal: Punkte erreicht: Punkte Erfüllungsgrad: %	Summe: maximal: Punkte erreicht: Punkte Erfüllungsgrad: %	Summe: maximal: Punkte erreicht: Punkte Erfüllungsgrad: %
Gesamtergebnis: Erfüllungsgrad %			

a) Berechnen Sie die fehlenden Punkte und Erfüllungsgrade sowie das Gesamtergebnis.

b) Ordnen Sie die Erlanger Türsysteme GmbH einer der angegebenen Lieferantenkategorien zu und ziehen Sie eine Schlussfolgerung für die Behandlung dieses Lieferers im Rahmen des Beschaffungsprozesses.

Zielerreichungsgrad	**Lieferantenklasse**	**Bedeutung / Konsequenz**
100 % bis 90 %	sehr gut	Der Lieferer gehört zu den besten Anbietern und kommt als Stamm- bzw. Vorzugslieferant auch für strategisch wichtige Beschaffungsobjekte infrage.
89 % bis 75 %	gut	Der Lieferer erfüllt die Anforderungen weitestgehend und ist für Vertragsabschlüsse grundsätzlich freigegeben.
74 % bis 50 %	mittelmäßig	Der Lieferer erfüllt die Anforderungen nur zum Teil und darf erst nach fallweiser Prüfung durch den Leiter der Einkaufsabteilung für Vertragsabschlüsse freigegeben werden.
0 % bis 49 %	unzureichend	Der Lieferer erfüllt die Anforderungen nicht und ist für Vertragsabschlüsse jeglicher Art gesperrt.

c) Suchen Sie zwei eklatante Schwächen des Lieferers und schlagen Sie jeweils eine sinnvolle Maßnahme vor, mithilfe derer der Lieferant die Schwäche beseitigen könnte.

Lösungen

1. Wissensfragen

1.1 Lernfragen

1. Einheitliche und objektive Lieferantenbewertung
   Verbesserung der Leistungsfähigkeit der Lieferer
2. Objektivität, Transparenz, Regelmäßigkeit
3. Preis: Einstandspreis, Skontofrist; Logistik: Lieferzeit, Liefertreue; Technologie: Patente, FuE-Investitionen; Qualität: Fehlerquote, Reklamationsquote
4. Der strategische Einkauf bewertet und klassifiziert die Lieferer. Diese Informationen werden in der Liefererdatei zentral gespeichert. Die Einkäufer in den operativen Einheiten greifen bei ihren Bestellentscheidungen über das Einkaufsnetzwerk auf die Liefererdatei zurück und sehen z. B. einen Vorzugslieferanten für das zu bestellende Material.
5. Die Bewertung eines Lieferanten ist kein einmaliger Vorgang. Sie wird in regelmäßigen Abständen wiederholt. Verbessert oder verschlechtert sich ein Lieferer, kann sich das auf seine Klassifizierung auswirken.
6. Produktentwickler: z. B. Definition der materialbedingten Anforderungen

   Vertriebskaufmann: z. B. Auswirkung der Lieferbeziehung auf die Kosten des Endproduktes kalkulieren

   Fertigungsplaner: z. B. Analyse der Fertigungsverfahren des Lieferers
7. Den Lieferer in das eigene Qualitätsmanagementsystem einbinden.

   Technologische Kooperation mit dem Lieferer
8. Ersatzteilversorgung muss gewährleistet bleiben.

   Gewerbliche Schutzrechte (Patente) dürfen nicht verletzt werden.

1.2 Mehrfachauswahl

1.

Bearbeitungsschritt	Reihenfolge (Ziffer 1 bis 5)
Festlegung von Stammlieferanten für eine bestimmte Materialgruppe	5
Lieferanten anhand eines Bewertungsschemas beurteilen	3
Lieferanten klassifizieren	4
Eingrenzung der potenziellen Lieferer mithilfe eines Anforderungsprofils	2
Potenzielle Lieferanten identifizieren	1

2. b, **d** und **g**

Lieferterminüberwachung, Bestelldurchführung und Rechnungsprüfung sind Tätigkeiten des operativen Einkaufs bzw. der Buchhaltung; sie beziehen sich auf konkrete Beschaffungsvorgänge. Das Lieferantenmanagement erfüllt strategische Aufgaben.

3.

Teilprozesse des Lieferantenmanagements	Aufgaben
Lieferantenvorauswahl	**b**, **e**
Lieferantenbewertung und -klassifizierung	**c**, **g**
Lieferantenauswahl	**a**
Lieferantenentwicklung	**d**
Ausphasen von Lieferern	**f**

4. e

a) und b) keine Technologiemessgröße
c) keine Qualitätsmessgröße
d) keine Logistikmessgröße.

5. b

a) Single Sourcing
c) Multiple Sourcing
d) Global Sourcing
e) Gummi ist kein Modul, sondern ein Rohstoff.

2. Erweiterte ereignisgesteuerte Prozesskette

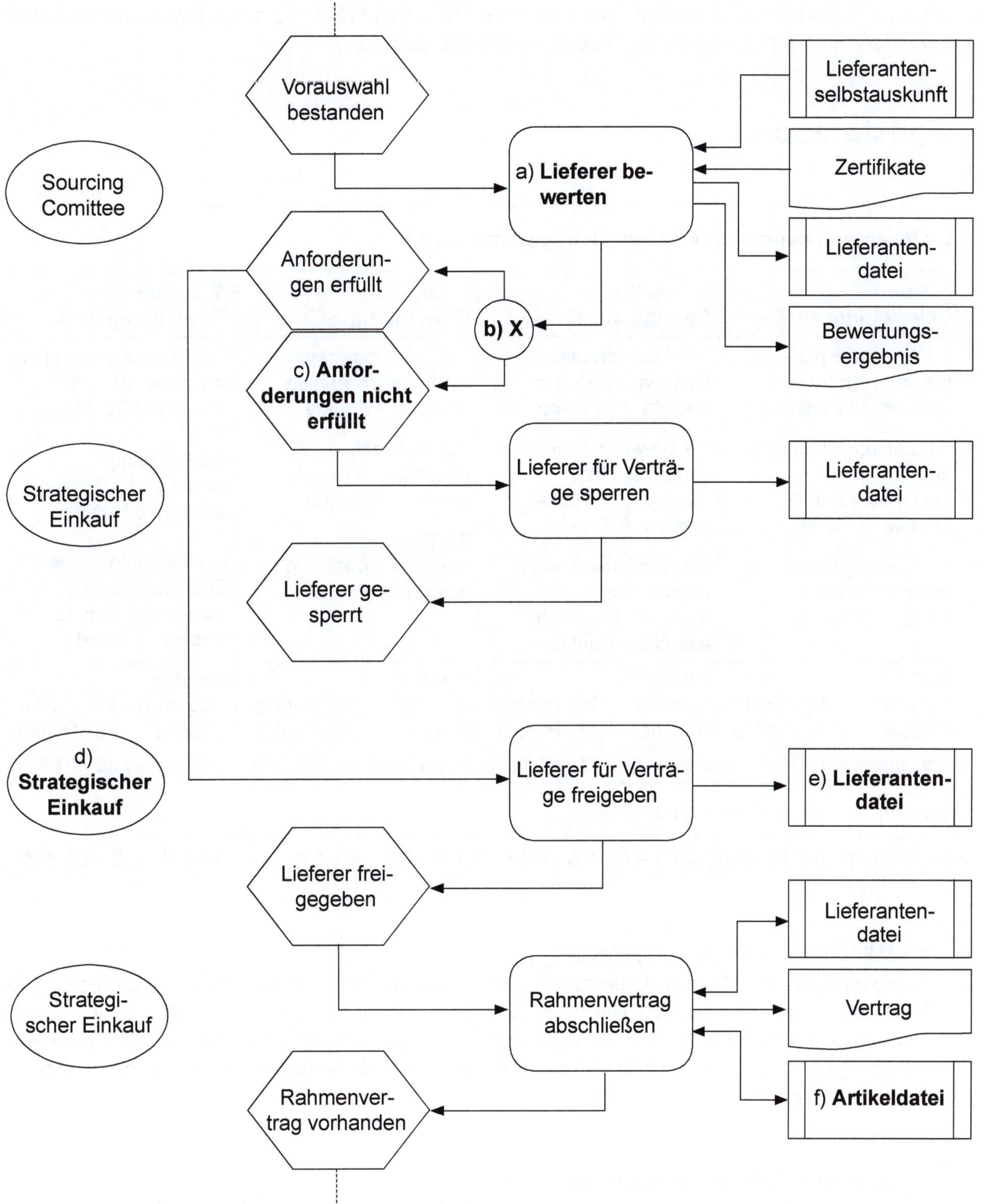

a) Der potenzielle Lieferer wird nach bestandener Vorauswahl von einem Sourcing Committee bewertet.

b) exklusives Oder: Die Anforderungen werden entweder erfüllt oder sie werden nicht erfüllt.

c) Erläuterung siehe b)

d) Die Freigabe von Lieferern für Vertragsabschlüsse erfolgt durch den strategischen Einkauf.

e) Die Freigabe wird in der Lieferantendatei gespeichert.

f) In der Artikeldatei wird hinterlegt, wer für den betreffenden Artikel Stammlieferant ist und welche Konditionen für den Einkauf des Artikels vereinbart wurden.

3. Fallsituation

C

a)

Lieferantenbewertung: Erlanger Türsysteme GmbH

1. Preis Gewichtung: 40 %	**2. Qualität Gewichtung 20 %**	**3. Logistik Gewichtung 20 %**	**4. Technologie Gewichtung 20 %**
1.1 Einstandspreis maximal: 15 Punkte erreicht: 12 Punkte	2.1 Produktqualität maximal: 15 Punkte erreicht: 10 Punkte	3.1 Zuverlässigkeit maximal: 15 Punkte erreicht: 7 Punkte	4.1 Produktentwicklung maximal: 10 Punkte erreicht: 8 Punkte
1.2 Zahlungsbedingungen maximal: 8 Punkte erreicht: 6 Punkte	2.2 Umweltmanagementsystem maximal: 10 Punkte erreicht: 8 Punkte	3.2 Lieferzeit maximal: 10 Punkte erreicht: 8 Punkte	4.2 Fertigung maximal: 10 Punkte erreicht: 8 Punkte
1.3 Haftung/Risiko maximal: 5 Punkte erreicht: 3 Punkte	2.3 Qualitätsmanagementsystem maximal: 10 Punkte erreicht: 2 Punkte	3.3 Flexibilität maximal: 10 Punkte erreicht: 8 Punkte	4.3 Technologische Zusammenarbeit maximal: 5 Punkte erreicht: 3 Punkte
Summe: maximal: 28 Punkte erreicht: 21 Punkte	Summe: maximal: 35 Punkte erreicht: 20 Punkte	Summe: maximal: 35 Punkte erreicht: 23 Punkte	Summe: maximal: 25 Punkte erreicht: 19 Punkte
Erfüllungsgrad: 75,0 %	Erfüllungsgrad: 57,1 %	Erfüllungsgrad: 65,7 %	Erfüllungsgrad: 76,0 %

Gesamtergebnis: Erfüllungsgrad 69,8 %

Gesamtergebnis: Erfüllungsgrad = 75,0 % · 0,4 + 57,1 % · 0,2 + 65,7 % · 0,2 + 76,0 % · 0,2 = 69,8 %

C

b)

Klassifizierung: 69,8 % = „mittelmäßig"
Schlussfolgerung: Mit dem Lieferanten dürfen erst nach fallweiser Prüfung durch den Einkaufsleiter Verträge abgeschlossen werden. Der Lieferer steht jedoch an der Schwelle zum „guten" Lieferanten (ab 75 % Erfüllungsgrad). Durch gemeinsame Initiativen könnte der Lieferer zum guten „Lieferer" verbessert werden, sodass er für Vertragsabschlüsse grundsätzlich freigegeben wäre.

E

c)

1. Schwäche: Qualitätsmanagement
Maßnahme: Der Lieferer könnte in das Qualitätsmanagementsystem des Abnehmers eingebunden werden. Der Abnehmer kann einen ständigen Mitarbeiter beim Lieferer einrichten, der dort mithilft ein Qualitätsmanagementsystem einzuführen und dessen Umsetzung zu überwachen.

2. Schwäche: Zuverlässigkeit
Maßnahme: Durch Rahmenverträge, die Vertragsstrafen für Lieferverzögerungen vorsehen, könnte der Lieferer zu einer besseren Einhaltung der Lieferzeiten gebracht werden.

5. E-Procurement

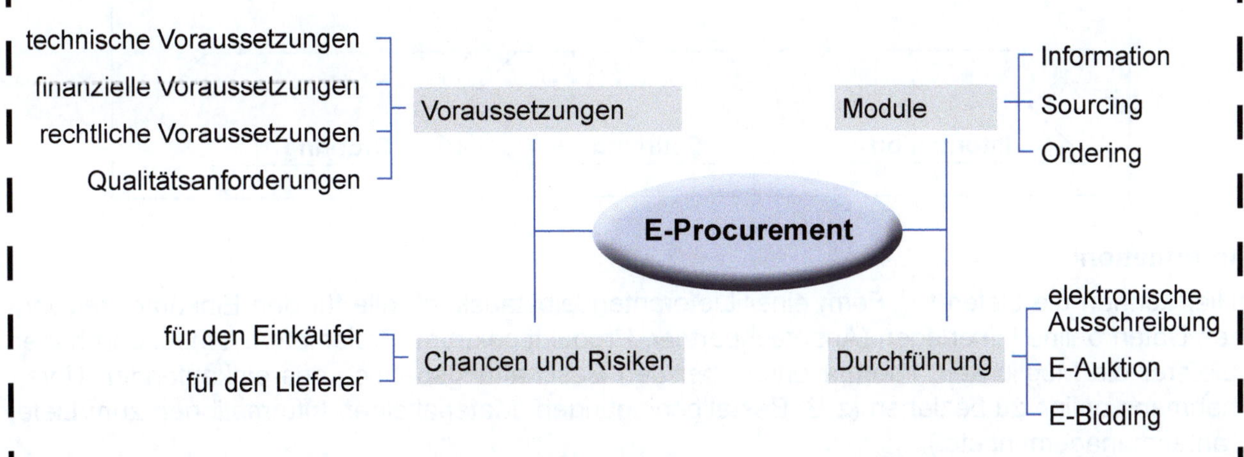

Was muss ich für die Prüfung wissen?

1. Begriffsdefinitionen

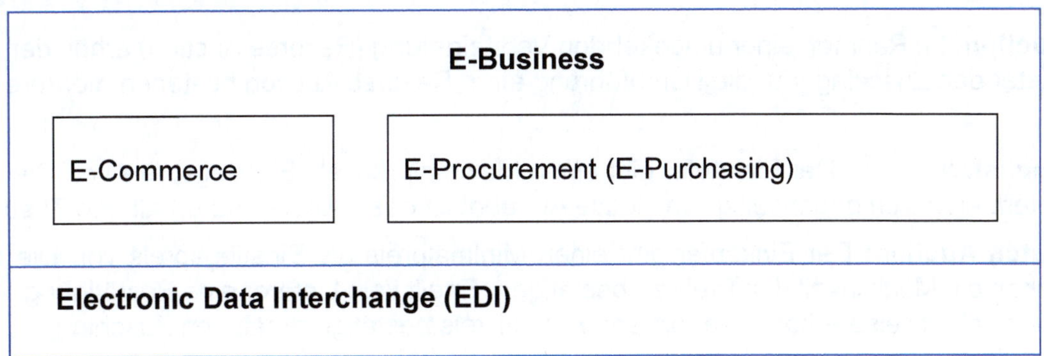

E-Business: Elektronische Geschäftsprozesse, Abwicklung bzw. Unterstützung von Geschäftsprozessen über elektronische Medien (Internet)

E-Commerce: Elektronischer Handel bzw. Verkauf; Handel mit Waren und Dienstleistungen über elektronische Medien (Internet)

E-Procurement (E-Purchasing): Elektronische Beschaffung; internetbasierte Abwicklung bzw. Unterstützung des Beschaffungsprozesses

Electronic Data Interchange (EDI): Elektronischer Datenaustausch zwischen Anwendungssystemen unterschiedlicher Institutionen; technische Basis für die Abwicklung des E-Business

2. Module eines E-Procurement-Systems

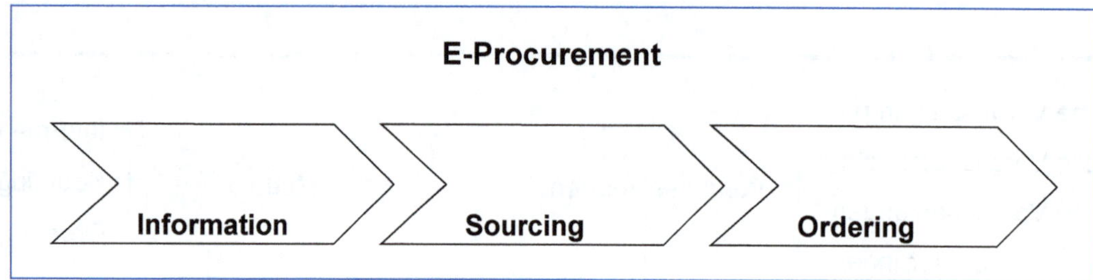

Information:

Hier können die Lieferer in Form einer Lieferantenselbstauskunft alle für den Einkäufer relevanten Daten online hinterlegen (Ansprechpartner, Produktspektrum, Preise etc.). Umgekehrt haben Lieferer die Möglichkeit, Informationen über den Beschaffungsbereich des einkaufenden Unternehmens online zu beziehen (z. B. Bestellbedingungen, Materialfelder, Informationen zum Lieferantenmanagement etc.).

Sourcing:

In diesem Modul können Verhandlungen zwischen Einkäufer und Lieferer bis hin zur Auftragsvergabe über internetbasierte Anwendungen abgewickelt werden. Das einkaufende Unternehmen tätigt dabei eine elektronische Ausschreibung (Electronic Request for Quotation). Die am Sourcing-System teilnehmenden Lieferer können nun auf elektronischem Weg innerhalb einer bestimmten Frist Angebote abgeben. Die Auftragserteilung kann auf unterschiedliche Weise erfolgen:

a) Der Käufer wertet die eingehenden Angebote aus und entscheidet sich für das beste Angebot.

b) **E-Auction:** Im Rahmen einer umgekehrten Versteigerung (Reverse Auction) erhält der billigste Anbieter den Zuschlag. Für die Durchführung einer Reverse Auction bestehen mehrere Varianten:

   - **English Auction:** Der Einkäufer gibt einen Maximalpreis als Einstiegspreis vor. Die Lieferer unterbieten sich gegenseitig. Das letzte Angebot ist das billigste und erhält den Zuschlag.
   - **Dutch Auction:** Der Einkäufer gibt einen Minimalpreis als Einstiegspreis vor. Die Lieferer haben die Möglichkeit den Preis zu bestätigen. Erteilt kein Lieferer eine Bestätigung, wird der Preis schrittweise erhöht. Wer als erster den Preis bestätigt, erhält den Zuschlag.
   - **Sealed Bid Auction:** Jeder Lieferer gibt nur ein Angebot ab. Die einzelnen Anbieter kennen die Konkurrenzangebote nicht, die Angebote sind quasi „versiegelt“. Bei einer First Price Sealed Bid Auction erhält der Lieferer mit dem niedrigsten Angebot den Auftrag. Im Falle einer Second Price Sealed Bid Auction bekommt ebenfalls der billigste Anbieter den Zuschlag, jedoch zum Preis des zweitniedrigsten Anbieters.

c) **E-Bidding:** Wie bei einer E-Auction wird ebenfalls der billigste Anbieter ermittelt, es muss jedoch keine Auftragsvergabe an ihn erfolgen. Die letzte Entscheidung liegt beim Einkäufer.

Ordering:

Die Bestellabwicklung wird über internetbasierte Anwendungen optimiert.

Ordering-Systeme enthalten z. B.:

- Erstellung und Pflege eines elektronischen Kataloges
- standardisierte Onlineformulare für die Bestellung
- digitale Rechnungen etc.

Was erwartet mich in der Prüfung?

1. Das Lernlabyrinth

Ausgangssituation: In einem Industriebetrieb soll ein E-Procurement-System eingeführt werden. Dabei stellen sich folgende Fragen:

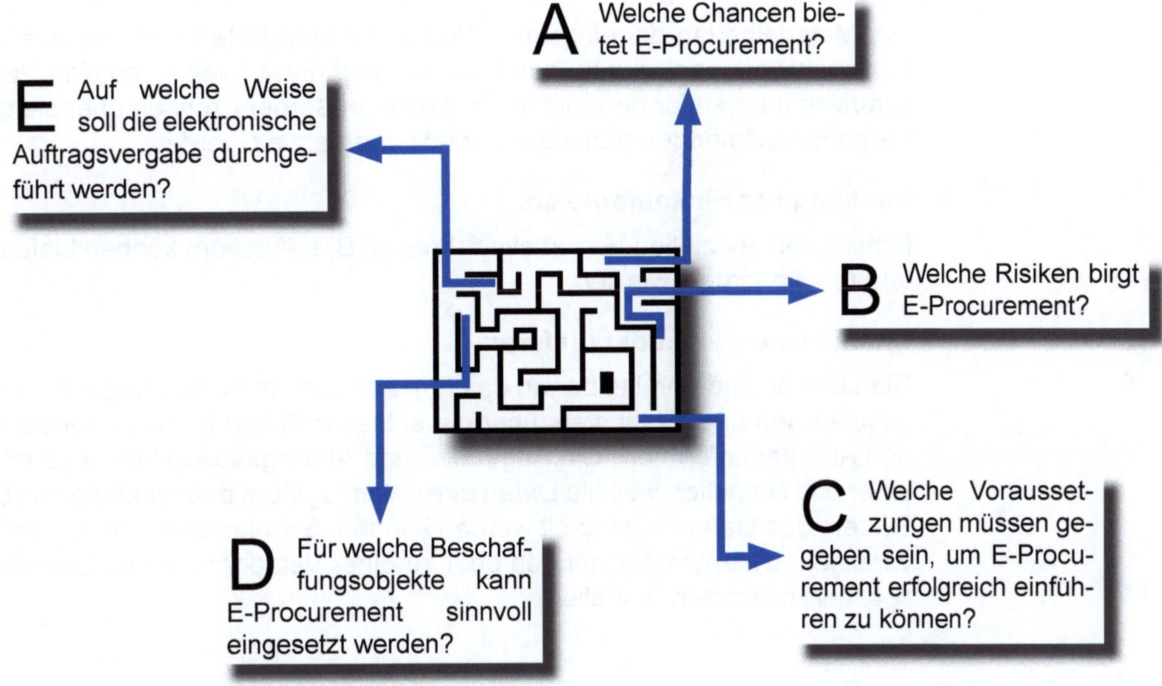

2. Wege aus dem Labyrinth

A Welche Chancen bietet E-Procurement?

Ihre Aufgabe: Erläutern Sie die Chancen, die ein E-Procurement-System für das einkaufende Unternehmen und die Lieferer bietet.

Chancen aus Sicht des Einkäufers:

- **Standardisierung des Beschaffungsprozesses:**

  Der Beschaffungsprozess wird durch elektronische Datenverbindungen beschleunigt und vom Ablauf her vereinheitlicht.

- **Senkung der Beschaffungskosten:**

  Zwar verursacht die Einrichtung eines E-Procurement-Systems anfänglich sehr hohe Fixkosten. Ist die elektronische Plattform jedoch erst einmal funktionsfähig, so lassen sich die Kosten für zukünftige Beschaffungsvorgänge deutlich reduzieren, sodass die proportionalen Kosten je Beschaffungsvorgang sinken. So entfallen beispielsweise Geschäftsreisen und Schriftverkehr nahezu völlig.

Es entstehen dann immer noch Kosten für die Pflege und Verwaltung der Datenbestände, jedoch sind die Einsparpotenziale, die sich durch die schnellere und effizientere Einkaufsabwicklung erzielen lassen, im Normalfall wesentlich höher. Die Kosten für die Errichtung eines EDI-Systems kann der Einkäufer zumindest teilweise auf die Lieferer verteilen, indem z. B. die Registrierung im System für den Lieferer kostenpflichtig gestaltet wird. Allerdings können hohe Registrierungskosten auch abschreckend auf potenzielle Lieferanten wirken.

- **Bedarfsbündelung:**

  Der Materialbedarf der einzelnen Werke und Standorte kann über das Einkaufsnetzwerk zentral gebündelt werden. Auf diese Weise entfallen Parallelaufwendungen für den Einkaufsprozess; außerdem können über die größeren Bestellmengen günstigere Konditionen erzielt werden.

- **Senkung der Einkaufspreise:**

  Mithilfe von speziellen Vergabeverfahren (z. B. E-Auction) können Lieferantenpreise gedrückt werden.

- **Chancen aus Sicht der Lieferer:**

  Die Lieferer sind unmittelbar an das Einkaufssystem des Auftraggebers angeschlossen und damit stets über die aktuellen Bedarfe und zu vergebenden Aufträge informiert. Die Angebots- und Auftragsabwicklung wird effizienter und schneller, weil die Daten direkt vom System des Einkäufers in das System des Lieferers gespielt werden können. Schnittstellen, die zu Datenverlusten, Datenverfälschungen oder zu einer Verzögerung des Datenflusses führen könnten, entfallen.

B **Welche Risiken birgt E-Procurement?**

Ihre Aufgabe: Sie sollen auf mögliche Risiken eines E-Procurement-Systems hinweisen.

- **Investitionsrisiko:**

  Um ein funktionsfähiges E-Procurement-System aufbauen zu können, muss viel Geld in Software, Netzwerke und EDV-Anlagen investiert werden. Bringt das E-Procurement-System dann nicht den gewünschten Erfolg, können die systembedingten Fixkosten nicht gedeckt werden. Für die teilnehmenden Lieferer gibt es keine Garantie, dass man Aufträge erhält. Auch sie können evtl. auf ihren Kosten sitzen bleiben.

- **Technische Risiken:**

  EDV-technische Systemfehler oder -störungen können das Einkaufsnetzwerk vorübergehend lahm legen. Zudem können Spams und Viren in das System aller Teilnehmer gelangen und sich dort ausbreiten.

- **Qualitätsrisiko:**

  Je automatisierter und standardisierter der Vergabeprozess abläuft, um so höher ist das Qualitätsrisiko. Insbesondere bei E-Auction und E-Bidding werden die Angebote nicht mehr in qualitativer Hinsicht verglichen.

C Welche Voraussetzungen müssen gegeben sein, um E-Procurement erfolgreich einführen zu können?

Nicht unter allen Umständen macht die Einführung eines E-Procurement-Systems wirklich Sinn. Die unter B aufgeführten Risiken und Probleme können zu einem Scheitern des Systems führen. Deshalb muss vor Einführung eines E-Procurement-Systems erst einmal geprüft werden, inwieweit die notwendigen Voraussetzungen überhaupt erfüllt bzw. erfüllbar sind.

Ihre Aufgabe: Legen Sie dar, welche Voraussetzungen erfüllt sein müssen, damit ein E-Procurement-System erfolgreich eingeführt werden kann.

- **Technische Voraussetzungen:**

  Der Einkauf muss mit allen am elektronischen Beschaffungsprozess teilnehmenden Lieferanten vernetzt werden, um einen elektronischen Datenaustausch (EDI) zu ermöglichen. Spezielle internetbasierte Tools sind hierfür notwendig. Die Rechner der teilnehmenden Lieferer müssen bestimmte Systemvoraussetzungen erfüllen. Effektive Virenschutzprogramme und Spamfilter müssen installiert werden, um die Ausbreitung von Viren und Spams über das Einkaufsnetzwerk zu verhindern.

- **Finanzielle Voraussetzungen:**

  Der hohe Investitionsbedarf für den Aufbau einer solchen Datenverbindung bedingt, dass zunächst einmal genügend finanzielle Mittel für dieses Projekt zur Verfügung gestellt werden. Die Unternehmensleitung muss für die Bereitstellung dieser finanziellen Mittel sorgen.

- **Qualitätsanforderungen:**

  Da im Rahmen standardisierter Vergabeverfahren eine umfassende qualitative Auswertung der Angebote nicht mehr erfolgen kann, muss die Qualität schon zu einem früheren Zeitpunkt sichergestellt werden. Anbieter werden überhaupt nur dann in den Lieferantenpool aufgenommen, wenn sie die vom Einkäufer vorgeschriebenen Qualitätsanforderungen erfüllen (z. B. Zertifizierung nach bestimmten Qualitätsnormen etc.).

- **Rechtliche Voraussetzungen:**

  Im Vorfeld einer elektronischen Auftragsvergabe muss vertraglich festgehalten werden, dass durch den E-Sourcing-Prozess ein rechtskräftiger Vertrag zwischen Einkäufer und Lieferer zustande kommt. Dies wird in der Regel dadurch gelöst, dass das einkaufende Unternehmen Allgemeine Einkaufs- bzw. Teilnahmebedingungen festlegt, die von den Lieferern akzeptiert werden müssen. Darin sind auch Bindungsfristen für das Angebot, datenschutzrechtliche Bestimmungen, Haftung für EDV-technische Schäden (z. B. Viren) etc. enthalten.

D Für welche Beschaffungsobjekte kann E-Procurement sinnvoll eingesetzt werden?

Nicht alle zu beschaffenden Güter eignen sich für E-Procurement.

Ihre Aufgabe: Erklären Sie, für welche Beschaffungsobjekte sich E-Procurement in erster Linie eignet und für welche weniger.

Die elektronische Beschaffung macht vor allem bei Standardgütern Sinn. Nur wenn sich die Artikel bezüglich Qualität und Funktionsmerkmalen von Anbieter zu Anbieter nicht bzw. nur unwesentlich unterscheiden, kann die angestrebte Verschlankung des Beschaffungsprozesses erreicht werden. Eine detaillierte qualitative und inhaltliche Auswertung der Angebote ist in einem E-Sourcing-System nicht vorgesehen.

Ferner lohnt sich die Anbindung eines Lieferers aufgrund des hohen EDV-technischen Aufwands für beide Seiten nur, wenn die zu vergebenden Aufträge ein gewisses Volumen erreichen. Einzelne Kleinaufträge rechtfertigen diesen Aufwand nicht.

Eher ungeeignet ist die elektronische Beschaffung für individuelle Teile, Spezialwerkzeuge/-maschinen sowie für täglich benötigte Materialien. Prinzipiell kann E-Procurement auch auf die Vergabe von Dienstleistungsaufträgen ausgedehnt werden, sofern die oben genannten Voraussetzungen erfüllt sind.

E Auf welche Weise soll die elektronische Auftragsvergabe durchgeführt werden?

Das E-Procurement-System ist eingeführt. Für die Abwicklung konkreter Einkaufsvorgänge stehen nun eine Reihe unterschiedlicher Verfahren zur Auswahl.

Ihre Aufgabe: Erläutern Sie, wie bei der elektronischen Auftragsvergabe konkret vorgegangen werden soll und wofür sich welches Verfahren eignet.

Schritt 1: Das einkaufende Unternehmen tätigt eine elektronische Ausschreibung.

Schritt 2: Die am Sourcing-System teilnehmenden Lieferer können auf elektronischem Weg Angebote abgeben.

Schritt 3: Auftragsvergabe durch den Einkäufer.

Welche Form der Auftragsvergabe angewendet wird, hängt vor allem davon ab, ob neben dem Preis noch andere Kriterien (z. B. Qualität) für die Auftragsvergabe maßgebend sind.

Ist der Preis das alleinige Auswahlkriterium, was vor allem bei Standardartikeln zutrifft, kann zur Erleichterung des Verhandlungsprozesses eine E-Auction oder ein E-Bidding durchgeführt werden. Diese stark standardisierten und automatisierten Vergabeverfahren beschleunigen den Prozess der Auftragsvergabe enorm, da zeitaufwendige Angebotsvergleiche und Verhandlungen nicht notwendig sind.

Sind die Angebote hinsichtlich der Qualität oder anderer wichtiger Kriterien (z. B. Technologie, Logistik etc.) nicht homogen, erweisen sich E-Auction und E-Bidding als ungeeignet.

Die unterschiedlichen Angebote müssen erst analysiert und ausgewertet werden, bevor eine Entscheidung über die Auftragsvergabe getroffen wird. Schließlich wird das nach Berücksichtigung aller relevanten Kriterien beste Angebot ausgewählt.

Eine Kombination verschiedener Vergabeverfahren ist möglich. Möchte man beispielsweise auch bei technologisch komplexeren bzw. qualitativ nicht homogenen Angeboten die Vorteile einer elektronischen Auktion nutzen, kann man mithilfe einer elektronischen Ausschreibung zunächst die besten Angebote ermitteln. Die besten Anbieter können dann zu einer E-Auction eingeladen werden, sodass unter ihnen der billigste Anbieter ermittelt wird. Auch weitere Kombinationsmöglichkeiten (z. B. Sealed Bid Auction mit anschließender Reverse English Auction etc.) sind denkbar.

So trainiere ich für die Prüfung

Aufgaben

1. Wissensfragen

1.1 Lernfragen

1. Führen Sie zwei Vorteile des E-Procurement aus Sicht des einkaufenden Unternehmens an.
2. Erläutern Sie eine Gefahr, die E-Procurement für das einkaufende Unternehmen birgt.
3. Führen Sie zwei Chancen des E-Procurement für die teilnehmenden Lieferer an.
4. Erklären Sie, wie sichergestellt werden kann, dass ein elektronisches Vergabeverfahren zu einem rechtskräftigen Kaufvertrag führt.
5. Zählen Sie drei Aspekte auf, die in den allgemeinen Bedingungen für die Teilnahme an einer elektronischen Ausschreibung geregelt sein sollten.
6. Nennen Sie zwei Voraussetzungen, die für die erfolgreiche Einführung eines E-Procurement-Systems erfüllt sein müssen.
7. Erläutern Sie den Ablauf einer E-Auction (English Auction).
8. Führen Sie zwei Vorteile an, die ein E-Ordering-System mit sich bringt.

1.2 Mehrfachauswahl

Kreuzen Sie eine oder mehrere richtige Lösungen an.

1. Welcher Effekt steht mit der Einführung eines E-Procurement-Systems nicht in unmittelbarem Zusammenhang?
   a) Beschleunigung des Einkaufsprozesses über standardisierte Vergabeverfahren
   b) Vermeidung unnötiger Schnittstellen durch direkte Anbindung der Lieferer an das Einkaufssystem des Bestellers
   c) Günstige Einkaufskonditionen durch Bündelung des Materialbedarfes
   d) Steigerung der Materialqualität durch detaillierte Angebotsvergleiche
   e) Reduzierung der Prozesskosten für die Abwicklung eines Beschaffungsprozesses

2. Für welche der folgenden Beschaffungssituationen kommt eine E-Auction nicht infrage?
   a) Ein Automobilhersteller benötigt täglich Bremsen für den Einbau in der Montagelinie.
   b) Ein Fahrradhersteller benötigt für eine Serie von Citybikes 5.000 Fahrradständer, die auf Vorrat beschafft werden sollen.

c) Eine Chemiefabrik benötigt für seine Produktionshallen 2.000 Leuchten von einem Leuchtmittelhersteller.

d) Die Registratur eines großen Industrieunternehmens braucht 50.000 Bögen Briefpapier mit aufgedrucktem Firmenlogo.

e) Ein Möbelhersteller benötigt Tropenholz für Luxusmodelle, wobei die Maserung des Holzes genau den Vorstellungen des Designers entsprechen soll.

3. Welche Aussage zu einem E-Bidding-Verfahren ist richtig?

a) Der Anbieter mit dem niedrigsten Preis erhält automatisch den Zuschlag.

b) E-Bidding und E-Auction sind identische Begriffe.

c) Beim E-Bidding spielt der Preis eine nur untergeordnete Rolle.

d) Bei einem E-Bidding-Verfahren wird zwar der Anbieter mit dem niedrigsten Preis ermittelt, dieser erhält jedoch nicht automatisch den Auftrag.

e) Bei einem E-Bidding-Verfahren erhält immer das qualitativ hochwertigste Angebot den Zuschlag.

4. Welchen Nutzen hat das einkaufende Unternehmen von einer elektronischen Lieferantenselbstauskunft?

a) Die Rechnungsstellung durch den Lieferer wird beschleunigt.

b) Die Lieferantenbewertung wird erleichtert.

c) Die Preisfindung wird beschleunigt.

d) Die Liefertreue der Anbieter wird erhöht.

e) Die Qualitätskontrolle erfolgt durch die Lieferanten selbst.

2. Fallsituation

Ein Hersteller von CNC-Maschinen zieht die Einführung eines E-Procurement-Systems in Erwägung. Dies würde einmalige EDV-Kosten in Höhe von 1 Mio. € verursachen. Durch die laufende Pflege und Wartung des Systerms fallen weitere Kosten an. Die Unternehmensleitung rechnet mit einer Prozesskosteneinsparung von ca. 50,00 € pro Beschaffungsvorgang.

a) Begründen Sie, warum die Kosten pro Beschaffungsvorgang mithilfe eines E-Procurement-Systems gesenkt werden können.

b) Führen Sie einen weiteren Kostenvorteil an, der sich durch ein E-Procurement-System erzielen lässt.

c) Unterbreiten Sie einen Vorschlag, wie ein Beitrag zur Deckung der Systemkosten erzielt werden könnte.

d) Erläutern Sie zwei Risiken, die in den Erwägungen bis jetzt noch nicht berücksichtigt wurden.

e) Für die Montage der CNC-Maschinen werden sicherheitsrelevante Bauteile benötigt. Die Geschäftsleitung möchte die Vorteile einer E-Auction nutzen, eine reine E-Auction erscheint jedoch aufgrund der Sicherheitsrelevanz der Teile zu riskant. Unterbreiten Sie einen Vorschlag, wie der Ablauf des elektronischen Vergabeverfahrens unter diesen Umständen gestaltet werden könnte.

Lösungen

1. Wissensfragen

1.1 Lernfragen

1. Beschleunigung des Einkaufsprozesses
Möglichkeit zur Bedarfsbündelung und Erzielung besserer Konditionen

2. Über das Einkaufsnetzwerk können Viren und Spam in das EDV-System des einkaufenden Unternehmens gelangen. Kostspielige Virenschutz- und Antispamprogramme müssen installiert werden.

3. Die Lieferer sind zeitnah über aktuelle Materialbedarfe und zu vergebende Aufträge informiert. Die Angebotserstellung und Auftragsabwicklung kann beschleunigt werden, da eine direkte Datenverbindung mit dem System des Einkäufers besteht.

4. Durch Allgemeine Einkaufs- bzw. Teilnahmebedingungen, die jeder Ausschreibung bzw. Auftragsvergabe zugrunde gelegt werden. In ihnen ist die rechtsverbindliche Wirkung der Angebotsabgabe festgehalten. Sie werden den Lieferern zugeschickt oder stehen auf der Homepage des einkaufenden Unternehmens im Internet zur Einsicht und zum Download bereit. Akzeptiert der Lieferer diese Bedingungen, erhalten die anschließend abgegebenen Angebote rechtsverbindlichen Charakter.

5. Rechtsverbindlichkeit und Bindungsfrist der Angebote
Datenschutzbestimmungen
Haftung für durch Viren bzw. Spam verursachte Systemschäden

6. Die teilnehmenden Lieferer müssen vorher festgelegte Qualitätsanforderungen erfüllen (z. B. Zertifizierung nach bestimmten DIN ISO Normen).

Es muss eine Datenverbindung zwischen den teilnehmenden Lieferern und dem Einkäufer aufgebaut werden (Electronic Data Interchange = EDI).

7. Zuerst tätigt der Einkäufer eine elektronische Ausschreibung im Sourcing-System. Dabei wird vom Einkäufer ein Einstiegspreis (Maximalpreis) sowie eine Auktionsfrist vorgegeben.

Die an das Sourcing-System angebundenen Lieferer können online den vorgegebenen Preis unterbieten (Reverse English Auction). Der aktuelle Preis kann jeweils von allen Auktionsteilnehmern eingesehen werden. Wer innerhalb der Auktionsfrist das letzte Angebot abgibt, ist somit der billigste Lieferer und erhält den Auftrag.

8. Die teilnehmenden Lieferer können ihre Artikel online in einen elektronischen Katalog einstellen und können den Einkäufer somit zeitnah über das aktuelle Produktspektrum informieren.

Die Bestellungen des Einkäufers gehen über standardisierte Online-Formulare direkt in das System des Lieferers und erleichtern diesem die Auftragserfassung.

1.2 Mehrfachauswahl

1. d
Detaillierte Angebotsvergleiche sind bei automatisierten und standardisierten Vergabeverfahren nicht angestrebt und zum Teil gar nicht möglich (z. B. bei E-Auction).

E-Procurement soll in erster Linie Beschaffungszeiten verkürzen, Prozesskosten sparen und Einkaufspreise senken.

2. a und **e**
Täglich in der Montagelinie benötigte Bremsen werden besser über auf Rahmenverträgen basierenden Just-in-time-Liefersysteme beschafft. Die Durchführung einer E-Auction für jeden einzelnen Beschaffungsfall wäre zu umständlich und zeitaufwendig.

Tropenholz, bei dem die Maserung entscheidend ist, sollte vor Auftragsvergabe in Augenschein genommen werden. Eine E-Auction scheidet somit aus.

3. d
Wie bei einer E-Auction wird zwar das billigste Angebot ermittelt, dieses erhält jedoch nicht atomatisch den Auftrag. Es können somit neben dem Preis noch andere Faktoren berücksichtigt werden, bevor der Auftrag endgültig vergeben wird.

4. b
Die Lieferer füllen ein Onlineformular aus, das die für die Lieferantenbewertung relevanten Kriterien enthält. Der Einkäufer muss die so gewonnenen Daten nicht mehr selbst erheben.

2. Fallsituation

a)
Der Beschaffungsprozess läuft standardisiert und elektronisch ab. Kosten für aufwendige Verhandlungen, Angebotsvergleiche, Schriftverkehr und Geschäftsreisen entfallen.

A

b)
Durch die Anwendung von internetbasierten Vergabeverfahren (E-Auction, E-Bidding) können niedrigere Einkaufspreise erzielt werden.

A

c)
Lieferanten, die an der elektronischen Einkaufsplattform teilnehmen wollen, müssen eine Registrierungsgebühr entrichten. Die Gebühren bringen für die Finanzierung des E-Procurement-Systems wichtige Einnahmen.

A

B

d)

Systemfehler, Viren etc. können das E-Procurement-System gefährden oder sogar außer Gefecht setzen. Die Einsparpotenziale könnten dann nicht ausgeschöpft werden und es würden erhebliche Kosten für die Fehlerbeseitigung anfallen.

Die kostenpflichtige Registrierung könnte Lieferer von der Teilnahme abschrecken. Die EDV-Kosten könnten so nicht in dem erwarteten Maße auf die Lieferer abgewälzt werden. Zudem sind dann die geplanten Einspareffekte durch niedrigere Einkaufspreise nur sehr schwierig realisierbar.

E

e)

Vorschlag:

1. Über ein Lieferantenauswahlverfahren und ein Qualitätsmanagementsystem wird bereits im Vorfeld der Ausschreibung sichergestellt, dass nur solche Anbieter in den Lieferantenpool gelangen, die bestimmte qualitative Mindestanforderungen erfüllen.
2. Elektronische Ausschreibung: Die sicherheitsrelevanten Teile werden im E-Sourcing-System ausgeschrieben.
3. Auswertung der Angebote: Die eingehenden Angebote werden ausgewertet und die besten Angebote ermittelt. Dabei werden neben dem Preis auch Faktoren wie Qualität, Technologie, Logistik etc. berücksichtigt.
4. E-Auction: Die z. B. vier besten Anbieter werden aufgefordert, an einer E-Auction teilzunehmen. Wer im Rahmen der E-Auction den niedrigsten Preis bietet, erhält den Zuschlag.

IV. Lagerhaltung und Bestandsmanagement

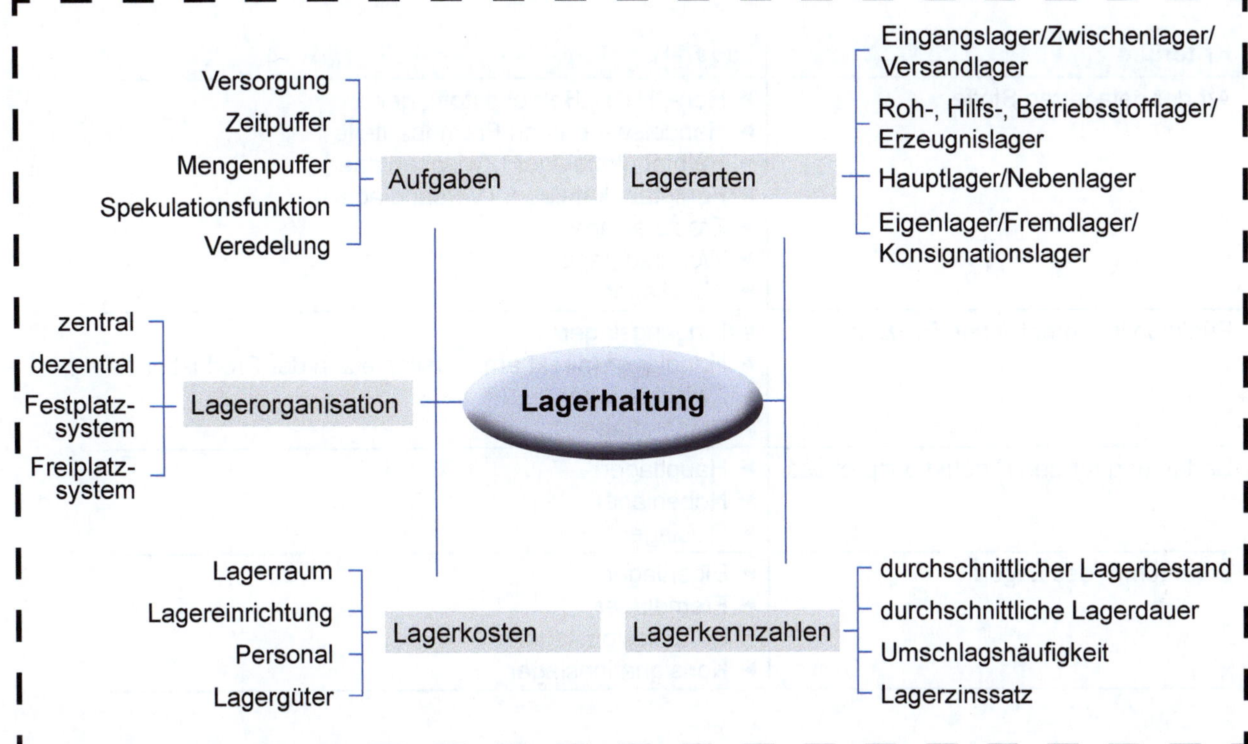

Was muss ich für die Prüfung wissen?

1. Funktion der Lagerhaltung

In Zeiten des Just-in-time-Prinzips wird oft die Meinung vertreten, dass Lagerhaltung nicht mehr notwendig ist und unnötige Kosten erzeugt. Dennoch kommen nur wenige Betriebe ganz ohne Lager aus. Die Aufgaben der Lagerhaltung sind vielfältig:

Funktionen	Erläuterung
Versorgung mit Material	Die Produktions- und Lieferfähigkeit des Betriebes muss gesichert werden.
Zeitpuffer	Zeit zwischen Lieferung und Bedarf bzw. zwischen Produktion und Absatz muss überbrückt werden.
Mengenpuffer	Die beschaffte Menge weicht von der unmittelbar benötigten Menge meist ab. Ebenso stimmt die produzierte Menge oft nicht mit der unmittelbar abgesetzten Menge überein. Die jeweilige Mengendifferenz wird vom Lager ausgeglichen.
Spekulationsfunktion	Bei erwarteten Preissteigerungen kann auf Vorrat gekauft werden. Mengenrabatte und Sonderangebote können ausgenutzt werden.
Veredelung	Die Lagerung dient zur qualitativen Verbesserung bzw. Reifung (z. B. Käse, Wein, Holz ...)

2. Lagerarten

Lagerarten können nach verschiedenen Kriterien unterschieden werden:

Kriterium	Lagerart
Art der gelagerten Stoffe	► Roh-, Hilfs-, Betriebsstofflager ► Handelswaren und Fremdbauteile ► Halbfabrikatelager (Zwischenlager) ► Fertigfabrikatelager (Versandlager) ► Ersatzteillager ► Werkzeuglager ► Abfalllager
Funktion im betrieblichen Prozess	► Eingangslager ► Handlager (direkt am Arbeitsplatz in der Produktion) ► Zwischenlager ► Versandlager
Bedeutung für den Produktionsprozess	► Hauptlager ► Nebenlager ► Hilfslager
Eigentümer des Lagers	► Eigenlager ► Fremdlager ► Kommissionslager ► Konsignationslager

3. Lagerorganisation

Die Organisation des Lagers bezieht sich vor allem auf die räumliche Stellung der Läger und auf die Anordnung der Lagergüter in den Lägern.

a) Organisation nach der **räumlichen** Stellung:

Zentrales Lager

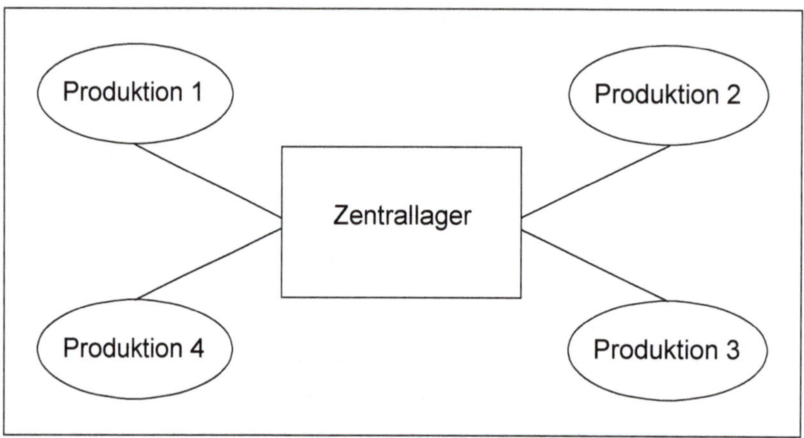

Vorteile des zentralen Lagers:

- ► Einfachere Verwaltung und Kontrolle
- ► Geringere Lagerverwaltungskosten

- Bessere Raumausnutzung
- Bessere Gesamtübersicht

Dezentrale Läger

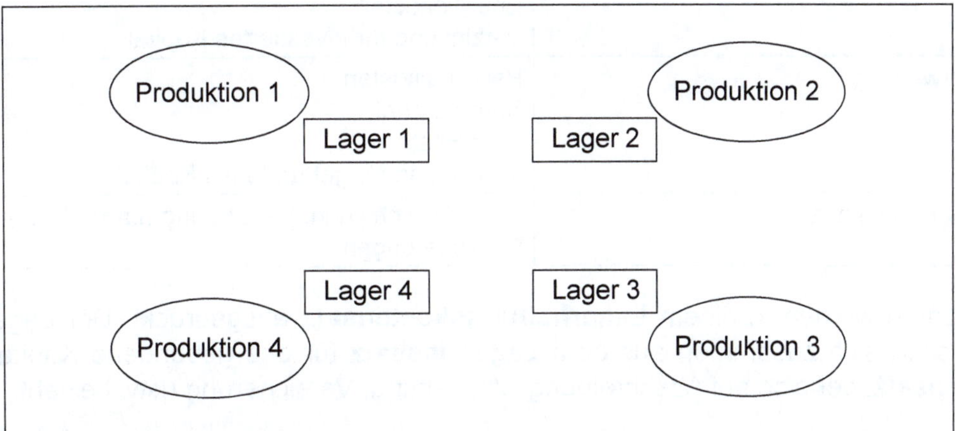

Vorteile dezentraler Lagerhaltung:

- Kurze Transportwege zu den Produktionsstätten
- Schnelle Verfügbarkeit der Materialien am Bedarfsort
- Geringe Beförderungskosten

Die Vorteile der zentralen Lagerhaltung entsprechen weitgehend den Nachteilen der dezentralen Lagerhaltung und umgekehrt.

b) Organisation nach der **Anordnung der Lagergüter**:

Festplatzsystem
Entsprechend einem Lagerplan wird jedem Lagergut ein fester Lagerplatz bzw. Lagerbereich vorgegeben.

Es ergeben sich folgende **Vorteile**:

- Material wird einfach und schnell gefunden
- Der Lagerplatz ist dem Material angepasst (z. B. hinsichtlich der Größe)

Freiplatzsystem (chaotische Lagerhaltung)
Das Lagergut hat keinen festen Lagerplatz, sondern wird da untergebracht, wo gerade Platz ist. Die aktuelle Lagerplatzbelegung muss in einem EDV-System gespeichert werden, damit die Lagergüter wiedergefunden werden können.

Es ergeben sich folgende **Vorteile**:

- Ausnutzung der Lagerkapazität
- Lagerplatzersparnis

4. Lagerkosten

Die Lagerkosten lassen sich in drei Kostenbereiche unterteilen, für die eine Vielzahl an Kosten als Beispiel genannt werden kann:

Kostenbereich	Beispiele
Lagerräume und Einrichtung	Abschreibungen Instandhaltungskosten Versicherungen Energiekosten Verzinsung für investiertes Kapital
Verwaltung	Personalkosten Büromaterial EDV-Systeme Verzinsung für gebundenes Kapital
Lagerbestände	Verderb, Schwund, Veralterung (Lagerrisiko) Versicherungen

Die Lagerkosten werden in einem **Lagerhaltungskostensatz** ausgedrückt. Der Lagerhaltungskostensatz setzt sich zusammen aus dem **Lagerzinssatz** für das gebundene Kapital und dem **Lagerkostensatz**, der sich auf Abschreibung, Verwaltung, Versicherung usw. bezieht.

5. Lagerkennziffern

Auch für die Lagerhaltung gilt das Prinzip der Wirtschaftlichkeit. Als Möglichkeit des Controllings werden verschiedene Lagerkennziffern angewandt, um die Wirtschaftlichkeit zu prüfen und Einsparpotenziale offen zu legen. Grundlegend liegt das Einsparpotenzial in der Verringerung der Lagerbestände bzw. in der Verkürzung der Lagerdauer.

Da die Lagerbestände unterjährig schwanken, geht man von einem durchschnittlichen Lagerbestand aus:

$$\text{Durchschnittlicher Lagerbestand} = \frac{\text{Anfangsbestand} + \text{Endbestand}}{2}$$

Sind Monatsendbestände gegeben, liefert die folgende Formel genauere Ergebnisse:

$$\text{Durchschnittlicher Lagerbestand} = \frac{\text{Anfangsbestand} + 12\ \text{Monatsendbestände}}{13}$$

Der durchschnittliche Lagerbestand kann nicht nur mengen-, sondern auch wertmäßig ermittelt werden, indem die Bestände mit ihrem Einstandspreis bewertet werden.

Die Lagerumschlagshäufigkeit gibt an, wie oft der durchschnittliche Lagerbestand umgesetzt wurde:

$$\text{Umschlagshäufigkeit} = \frac{\text{Jahresverbrauch}}{\text{Durchschnittlicher Lagerbestand}}$$

Die durchschnittliche Lagerdauer gibt an, wie lange ein Lagergut durchschnittlich auf Lager bleibt:

$$\text{Durchschnittliche Lagerdauer} = \frac{360\ \text{Tage}}{\text{Umschlagshäufigkeit}}$$

Für den durchschnittlichen Lagerbestand werden Zinsen (für das gebundene Kapital) kalkuliert:

$$\text{Lagerzinssatz} = \frac{\text{Marktzinssatz p. a.} \cdot \text{durchschnittliche Lagerdauer}}{360}$$

oder:

$$\text{Lagerzinssatz} = \frac{\text{Marktzinssatz p. a.}}{\text{Umschlagshäufigkeit}}$$

Die anfallenden Lagerzinsen lassen sich also wie folgt berechnen:

$$\text{Lagerzins} = \frac{\text{durchschnittlicher Lagerbestand} \cdot \text{Einstandspreis} \cdot \text{Lagerzinssatz}}{100}$$

Im Rahmen der Bestandsoptimierung ergeben sich die folgenden grundlegenden Zusammenhänge:

- Je geringer der durchschnittliche Lagerbestand, umso geringer die Lagerkosten
- Je höher der Verbrauch, umso höher die Umschlagshäufigkeit
- Je höher die Umschlagshäufigkeit, umso geringer die Lagerdauer
- usw.

Was erwartet mich in der Prüfung?

In einer offenen Prüfung kann es interessant sein, das Spannungsfeld zwischen den Vorteilen der Lagerhaltung und den entstehenden Kosten zu erläutern.

1. Das Lernlabyrinth

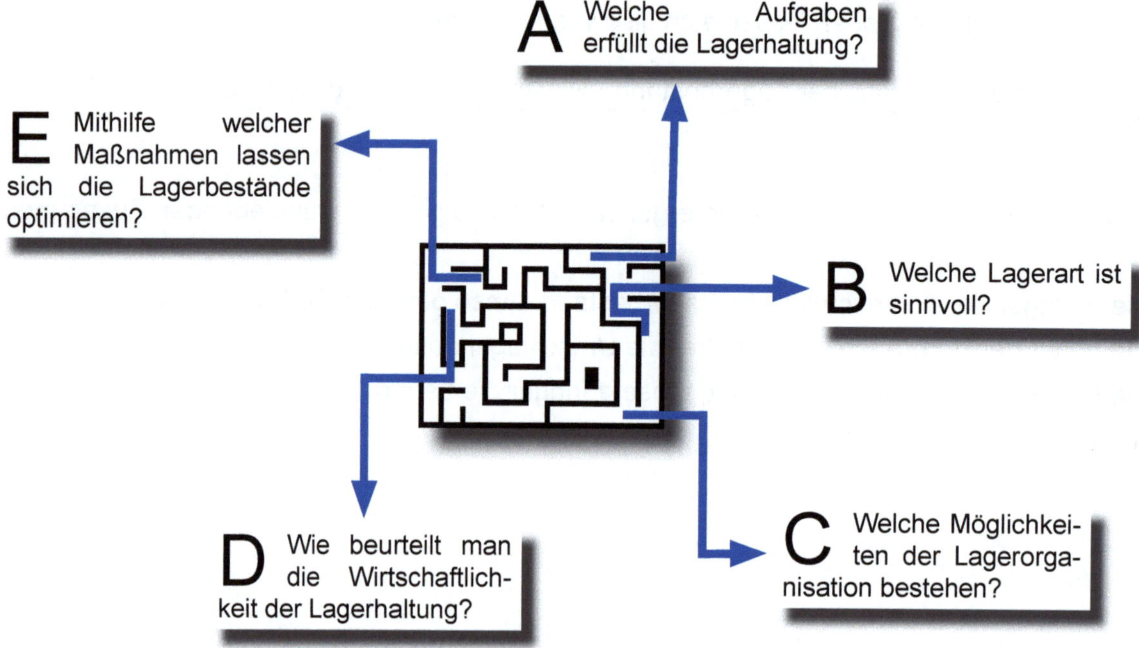

2. Wege aus dem Labyrinth

A Welche Aufgaben erfüllt die Lagerhaltung?

Die Grundfunktion der Lagerhaltung besteht in der Versorgung der Produktion mit den benötigten Werkstoffen. Die Lagerhaltung hängt eng mit dem Beschaffungsprinzip der Vorratsbeschaffung (vgl. S. 24) zusammen, denn das Hauptziel der Vorratsbeschaffung ist die Gewährleistung der Versorgungssicherheit.

Versorgungssicherheit durch den Aufbau möglichst hoher Bestände zu erreichen, steht jedoch in einem Zielkonflikt zur Wirtschaftlichkeit der Lagerhaltung (vgl. D).

Je nach Art des Lagergutes bzw. Marktkonstellation kann die Lagerhaltung im Einzelfall auch noch anderen Zwecken dienen.

Beispiele:

- Holz muss vor der Verarbeitung durch die Möbelindustrie eine gewisse Zeit gelagert werden, um zu trocknen. Hier ist die Lagerung Bestandteil des Wertschöpfungsprozesses (Veredelungsfunktion).
- Ein Kabelhersteller deckt sich über Bedarf mit Kupfer ein, weil für die nächsten Monate ein starker Anstieg des Kupferpreises an den Rohstoffbörsen prognostiziert wird (Spekulationsfunktion).

B Welche Lagerart ist sinnvoll?

Hier gilt es zu entscheiden, welche Lagerarten zur Gewährleitung der Materialversorgung erforderlich sind und welche im Hinblick auf eine möglichst wirtschaftliche Lagerhaltung zu empfehlen sind.

Eine Lagerart schließt nicht zwangsläufig alle anderen Lagerarten aus! So kann beispielsweise ein Eingangslager Rohstofflager, Hauptlager und Eigenlager sein.

Eigenlager oder Fremdlager?

Hier stellt sich die Frage, ob die Lagerhaltung an ein anderes Unternehmen „outgesourced" werden soll. Das Fremdlager kann sich dabei räumlich gesehen durchaus in unmittelbarer Nähe des eigenen Werkes befinden, Eigentümer ist jedoch eine Fremdfirma (i. d. R. spezialisierter Logistikdienstleister).

Argumente für ein Fremdlager können sein:

- höhere Logistik-Kompetenz des Betreibers
- geringere Lagerkosten
- Platzersparnis im eigenen Werk (die Fläche wird für andere Funktionen, z. B. Produktion, frei)

Soll die Entscheidung unter Kostengesichtspunkten getroffen werden, erfolgt sowohl die rechnerische als auch die grafische Lösung analog zur Frage „Eigenfertigung oder Fremdbezug?" (vgl. Modul GP 3 Leistungserstellungsprozesse)

Was ist ein Konsignationslager?

Das Konsignationslager ist ein Warenlager eines Lieferanten, welches sich im Unternehmen des Kunden (Abnehmers) befindet. Die Ware bleibt dabei so lange Eigentum des Lieferanten, bis der Kunde sie aus dem Lager entnimmt.

Fremdlager ist nicht gleich Konsignationslager! Beim Fremdlager wird nur die Funktion der Lagerhaltung, nicht jedoch das Eigentum an den Beständen auf die Fremdfirma übertragen.

Vorteile des Konsignationslagers für den Abnehmer:

- hohe Versorgungssicherheit, da immer ausreichend Material vor Ort ist
- geringe Kapitalbindung, da die Lagerbestände bis zur Entnahme noch zum Vermögen des Lieferanten zählen
- keine Lagerkosten, da das Lager vom Lieferanten geführt wird
- kein Lagerrisiko, da die Gefahr erst mit der Entnahme auf den Abnehmer übergeht
- geringer Abwicklungsaufwand, da die Abrechnung i. d. R. monatlich erfolgt

Das Konsignationslager wird in der Praxis häufig mit dem Kanban-Prinzip kombiniert. Man spricht dann von „Kanban-Konsi".

Wie funktioniert Kanban?

Das Kanban-System ist eine Steuerungsmethode, die nach dem „Pull-Prinzip" funktioniert, d. h. die nachgelagerte Fertigungsstufe steuert mit ihrem Bedarf die vorgelagerte Fertigungsstufe.

Beim gängigen 2-Kasten-Kanban-Prinzip erzeugt ein leerer Behälter automatisch eine Bestellung. Die Kästen werden vom Lieferer wieder mit Material befüllt und an definierten Lagerplätzen (meist in unmittelbarer Nähe der Montagelinie) bereitgestellt. Informiert wird der Lieferer dabei über eine Kanban-Karte, die z. B. per Fax oder E-Mail übermittelt wird, bzw. über Barcode-Etiketten, die eingescannt und per DFÜ an den Lieferer übermittelt werden. Beim Webcam-Kanban beobachtet der Lieferer die Füllstände der Kanbanbehälter über eine Webcam.

Praktiziert wird Kanban vor allem bei Kleinteilen (Schrauben etc.), die für die Befüllung von Behältern geeignet sind, oder auch bei Kabeln.

C **Welche Möglichkeiten der Lagerorganisation bestehen?**

Zentrale oder dezentrale Lagerhaltung?

Hier geht es um die Frage des Lagerstandorts.

Zentrale/dezentrale Lagerhaltung ist nicht zu verwechseln mit zentraler/dezentraler Einkaufsorganisation!

Gerade große Unternehmen mit mehreren Produktionsstandorten haben oft eine zentrale Einkaufsabteilung, während die einzelnen Werke vor Ort ein eigenes Lager führen. Durch den Bündelungseffekt im Einkauf lassen sich bessere Preise und Konditionen gegenüber den Lieferern aushandeln, die dezentrale Lagerhaltung gewährleistet eine schnelle Verfügbarkeit der Materialien in der Produktion.

Festplatz- oder Freiplatzsystem?

Mit dieser Entscheidung wird die Ordnung im Lager festgelegt. Welche Form der Lagerordnung angewendet werden soll, hängt von der primären Zielsetzung, dem zur Verfügung stehenden Lagerraum und den Möglichkeiten des EDV-Systems ab.

Wird primär eine möglichst effiziente Nutzung der Lagerkapazitäten angestrebt, empfiehlt sich das Freiplatzsystem (chaotische Lagerhaltung). Allerdings ist hierfür, um nicht den Überblick über den Lagerort der einzelnen Güter zu verlieren, ein leistungsfähiges Lagerverwaltungssystem erforderlich.

Bitte beachten Sie, dass die Bezeichnung „chaotisches Lager" nicht auf Unordnung bei der Lagerhaltung hinweist. Es muss im Gegenteil eine sehr genaue Lagerführung eingehalten werden, da die Lagergüter sonst nicht mehr gefunden werden können.

D Wie beurteilt man die Wirtschaftlichkeit der Lagerhaltung?

Eine „wirtschaftliche“ Lagerhaltung unterliegt folgenden Zielsetzungen:

- hohe Verfügbarkeit des Materials für die Produktion
- keine unnötig hohen Lagerbestände
- Minimierung der Lagerhaltungskosten
- effiziente Nutzung der Lagerkapazität

Um zu messen, wie wirtschaftlich die Lagerhaltung eines Unternehmens ist, können verschiedene Kennzahlen herangezogen werden.

Verfügbarkeit

Ein hoher Lieferbereitschaftsgrad ist Kennzeichen einer hohen Verfügbarkeit und Versorgungssicherheit. Der Idealzustand, ein Lieferbereitschaftsgrad von 100 %, wird in der Praxis jedoch nur selten erreicht.

Eine geringe Bestandsreichweite macht die Materialversorgung anfälliger für Versorgungsengpässe, z. B. im Falle von Lieferverzögerungen der Lieferanten oder kurzfristigen Zusatzaufträgen.

Eine höhere Reichweite der Bestände führt jedoch nicht zwangsläufig zu einer höheren Lieferbereitschaft. So können beispielsweise innerbetriebliche Logistikfehler Verzögerungen oder Fehlmengen in der Materialversorgung auslösen, obwohl eigentlich genügend Bestände im Lager sind.

Lagerbestand

Je höher der Lagerbestand ist und je länger Bestände auf Lager liegen, umso unwirtschaftlicher ist die Lagerhaltung, da Lagerbestände quasi „totes“ Kapital darstellen und außerdem Lagerkosten verursachen.

Was sagt die Umschlagshäufigkeit aus?

Eine hohe Lagerumschlagshäufigkeit bedeutet, dass sich die Materialbestände nur relativ kurze Zeit im Lager befinden. Eine geringe Umschlagshäufigkeit hingegen deutet darauf hin, dass sich Vorräte relativ lange ungenutzt im Lager befinden, wo sie unnötiger Weise Kapital binden und Lagerkosten verursachen.

Wovon sind die Lagerkosten und Lagerzinsen abhängig?

Die Lagerkosten und Lagerzinsen sind umso höher, je höher der wertmäßige Lagerbestand ist.

Bei der Berechnung der Lagerzinsen ist zu beachten, dass sich der Lagerzinssatz im Gegensatz zum marktüblichen Jahreszinssatz nur auf die durchschnittliche Lagerdauer bezieht, nicht auf das gesamte Jahr!

Oft sind in Aufgaben zu Lagerkennzahlen nicht alle Größen gegeben und müssen erst durch Umstellen mancher Formel berechnet werden.

Fallbeispiel:

Der Jahresanfangsbestand in einem Lager beträgt 72.000 Stück, der Schlussbestand 68.000 Stück. In diesem Jahr wurden 840.000 Stück verbraucht. Der Marktzins beträgt 9 % p. a.

Berechnen Sie den Lagerzinssatz.

Zunächst muss der durchschnittliche Lagerbestand berechnet werden, um damit die durchschnittliche Lagerdauer zu ermitteln:

$$\text{Durchschnittlicher Lagerbestand} = \frac{72.000 + 68.000}{2} = 70.000 \text{ Stück}$$

Daraus kann die Lagerumschlagshäufigkeit ermittelt werden:

$$\text{Umschlagshäufigkeit} = \frac{840.000}{70.000} = 12$$

Demzufolge beträgt die durchschnittliche Lagerdauer:

$$\text{Durchschnittliche Lagerdauer} = \frac{360 \text{ Tage}}{12} = 30 \text{ Tage}$$

$$\text{Lagerzinssatz} = \frac{9 \cdot 30}{360} = 0{,}75\ \%$$

E **Mithilfe welcher Maßnahmen lassen sich Lagerbestände optimieren?**

Der Lagerbestand ist eine zentrale Größe für die Wirtschaftlichkeitsbeurteilung. Viele weitere Faktoren (Kapitalbindung, Lagerzinsen, Lagerkosten etc.) hängen von der Höhe des Lagerbestandes ab.

Deshalb setzen viele Maßnahmen zur Steigerung der Wirtschaftlichkeit der Lagerhaltung beim Lagerbestand an.

Die bloße Senkung des Lagerbestandes ist an sich noch keine ausreichende Maßnahme zur Bestandsoptimierung. Schließlich muss die Maßnahme auch geeignet sein, die Verfügbarkeit der Materialien für die Produktion zu gewährleisten.

Die entscheidende Frage lautet also: Wie kann der Lagerbestand gesenkt oder sogar ganz vermieden werden, ohne dass die Verfügbarkeit der Materialien darunter leidet?

Zum „Baukasten“ möglicher Instrumente zur Bestandsoptimierung gehören u. a.:

- bedarfgesteuerte Disposition (statt verbrauchsgesteuert)
- Just-in-Time-Prinzip (statt Vorratsbeschaffung)
- Einführung eines Konsignationslagers und/oder Kanban-Prinzips
- Lieferantenparks mit direkter Anbindung des Lieferers an die Montagelinie

Derartige Maßnahmen haben i. d. R. auch Nachteile und Risiken. Insbesondere sind sie meist mit einem erhöhten Logistik- oder Planungsaufwand verbunden.

Es muss daher genau überlegt werden, ob die Vorteile (Senkung der Lagerkosten, niedrigere Kapitalbindung etc.) diesen erhöhten Aufwand rechtfertigen.

Grundsätzlich ist dieser erhöhte Aufwand vor allem bei A-Gütern gerechtfertigt, da dort das Potenzial für die Senkung der Kosten und der Kapitalbindung am größten ist. Hierzu kann die ABC-Analyse (Kapitel II.1) sinnvoll eingesetzt werden.

So trainiere ich für die Prüfung

Aufgaben

1. Wissensfragen

1.1 Lernfragen

Beantworten Sie die folgenden Fragen schriftlich, um Ihr Wissen zu testen:

1. Welche Funktionen hat die Lagerhaltung?
2. Welche Nachteile und Risiken bringt das Just-in-time-Prinzip für den Betrieb mit sich?
3. Nach welchen Gesichtspunkten kann die Lagerorganisation erfolgen?
4. Unterscheiden Sie Festplatzsystem und chaotische Lagerhaltung.
5. Welche Nachteile hat das Festplatzsystem?
6. Welche Vorteile hat die zentrale Lagerhaltung?
7. Welche Kosten entstehen durch die Lagerhaltung?
8. Was sagt die Umschlagshäufigkeit aus?
9. Welche Auswirkung hat ein steigender Verbrauch auf die durchschnittliche Lagerdauer?
10. Welche Möglichkeiten gibt es, um Lagerkosten zu senken?

1.2 Lückentext

Im folgenden Text sind die fehlenden Wörter zu ergänzen:

Versandlager, Spekulationsfunktion, Lieferausfälle, EDV-System, Materialversorgung, Preisvorteile, zentrale, Sicherheitsbestand, Wirtschaftlichkeit, Freiplatzsystem, Produktionsfähigkeit, Festplatzsystem, Lagerkapazität, Mengen

Obwohl das Just-in-time-Verfahren in aller Munde ist, trägt die Lagerhaltung auch heutzutage dazu bei, die ____________________ eines Betriebes zu gewährleisten. Durch Transportprobleme oder ____________________ kann die ________________ für die Produktion gefährdet werden. Durch einen ________________ können Lieferverzögerungen überbrückt und teure Produktionsausfälle vermieden werden. Erwartet man steigende Preise, kann man noch günstig auf Lager einkaufen und nutzt damit die ____________________ des Lagers. Durch die Möglichkeit der Lagerhaltung können größere _____________ eingekauft und damit __________________ erzielt werden. Im Absatzbereich ist ein ______________ sinnvoll, da die Produkte meist nicht unmittelbar nach der Produktion verkauft werden können.
Die Lagerhaltung unterliegt dem Prinzip der __________________. Aus Kostengründen wird oft die _______________ Lagerhaltung angewendet. Bei dieser Organisationsform können Mindestlagerbestände kleiner gehalten werden und es fallen geringere Raum- und Verwaltungskosten an. Bei der Frage nach der Platzbelegung unterscheidet man zwischen chaotischer Lagerhaltung und ____________________. Mit dem __________________ kann man Lagerplatz sparen und die __________________ besser ausnutzen. Um zu wissen, wo welche Güter aufbewahrt werden, ist ein ____________________ notwendig.

1.3 Mehrfachauswahl

Kreuzen Sie eine oder mehrere richtige Lösungen an:

1. Ein Zwischenlager dient ...

a) ... der Lagerung von Handelswaren, die gleich wieder verkauft werden sollen.
b) ... der zwischenzeitlichen Lagerung von zu viel bestellten Materialien.
c) ... der kurzfristigen Lagerung von Retouren.
d) ... der kurzfristigen Lagerung von Kleinmaterial direkt an der Produktionsstätte.
e) ... der Lagerung von halbfertigen Produkten vor der nächsten Produktionsstufe.

2. Die dezentrale Lagerhaltung ...

a) ... ist nur im Rahmen des Festplatzsystems sinnvoll.
b) ... führt zu einer aufwendigen Lagerverwaltung.
c) ... führt zu einer schnellen Bereitstellung des Materials am Bedarfsort.
d) ... führt zu einem höheren Lagerumschlag bei einzelnen Materialien.
e) ... ist meist kostenaufwendiger als die zentrale Lagerhaltung.

3. Bei einem Konsignationslager ...

a) ... verpflichtet sich der Käufer, Lagerraum für den Lieferer bereitzustellen.
b) ... wird bei jeder Warenentnahme eine separate Rechnung gestellt.
c) ... geht das Eigentum der Lagerware sofort mit Lieferung an den Käufer über.
d) ... muss der Lieferant für eine ausreichende Bestückung des Lagers sorgen.
e) ... wird zu festen Zeitpunkten immer die gleiche Menge geliefert.

4. Ein Handelswarenlager ...

a) ... ist immer nur ein Zwischenlager.
b) ... dient meist als Hilfslager.
c) ... wird immer dezentral geführt.
d) ... wird aus Kostengründen immer zentral geführt.
e) ... dient der Lagerung von Produkten, die der Betrieb nicht selbst herstellt.

5. Ein Hilfslager ...

a) ... beinhaltet Werkzeuge, die bei der Produktion verwendet werden.
b) ... dient der Aufnahme von Ersatzteilen.
c) ... dient der Lagerung von Kleinmaterialien direkt am Arbeitsplatz.
d) ... wird aus Kostengründen immer als Fremdlager geführt.
e) ... wird im Bedarfsfall von anderen Betrieben mitgenutzt.
f) ... wird eingerichtet, um überschüssige Mengen an Gütern aufzunehmen.

6. Die dezentrale Lagerhaltung ...

a) ... bringt eine bessere Auslastung des Lagerpersonals.
b) ... führt zu einer besseren Kapazitätsauslastung der Läger.
c) ... erlaubt einen besseren Überblick über den Gesamtbestand.
d) ... führt zu kürzeren Transportwegen zum Produktionsbetrieb.
e) ... führt zu Kosteneinsparungen durch geringere Gesamtbestände.

1.4 Richtig oder falsch?

Tragen Sie Ihre Entscheidung mit kurzer Begründung ein:

Aussage	Richtig oder falsch mit Begründung
1. Die Spekulationsfunktion der Lagerhaltung beschreibt die Aufgabe, Materialengpässe zu überbrücken.	
2. Fremdläger sind immer Nebenläger.	
3. Durch zentrale Läger werden Personalkosten gespart.	
4. Durch zentrale Läger werden Raumkosten reduziert.	
5. Das Festplatzsystem eignet sich besonders bei Lagergütern, die sehr unterschiedlich sind.	
6. Beim Festplatzsystem können freie Lagerplätze mit beliebigen Lagergütern belegt werden, wenn der Lagerplatz gerade ungenützt ist.	
7. Eine sinkende Lagerdauer führt zu steigenden Lagerzinsen.	
8. Die Erhöhung des durchschnittlichen Lagerbestandes führt zu steigenden Lagerzinsen.	
9. Eine steigende Lagerdauer führt zu einem steigenden Lagerumschlag.	

1.5 Ergänzen Sie!

1. Wie wirkt sich die Erhöhung der Umschlagshäufigkeit auf folgende Lagerkennzahlen aus?

a) Die durchschnittliche Lagerdauer ....
b) Die Kapitalbindung ....
c) Der Lagerzinssatz ....

2. Wie wirkt sich eine Verringerung des Lagerbestandes auf folgende Lagerkennzahlen aus?

a) Die Umschlagshäufigkeit ....
b) Die durchschnittliche Lagerdauer ....
c) Der Lagerzinssatz ....
d) Die Kapitalbindung ....

3. Wenn der Materialverbrauch steigt, dann .... die Umschlagshäufigkeit.

4. Wenn der durchschnittliche Lagerbestand zunimmt, dann .... die Umschlagshäufigkeit.

5. Wenn bei gleichbleibendem Verbrauch die Bestellmenge erhöht wird, dann .... die Umschlagshäufigkeit.

2. Rechenaufgaben

2.1

In einem Lager befinden sich fünf verschiedene Materialgruppen. Es stehen die folgenden Daten zur Verfügung (Angaben in Tausend €):

Materialgruppe	A	B	C	D	E
Bestand 01.01.	140	60	130	90	40
Bestand 31.12.	160	80	110	100	30
Jahresverbrauch	600	630	900	1140	210

a)

Ermitteln Sie für jede Materialgruppe die entsprechenden Lagerkennzahlen und ergänzen Sie die folgende Tabelle:

Materialgruppe	A	B	C	D	E
Durchschnittlicher Lagerwert					
Umschlagshäufigkeit					
Durchschnittliche Lagerdauer					
Lagerzinssatz bei 7 % Jahreszinssatz					
Lagerzins					

b)

Ermitteln Sie den Lagerkostensatz bezogen auf alle Materialgruppen, wenn die jährlichen Lagerkosten insgesamt 39.950,00 € betragen.

2.2

Gegeben ist ein Auszug aus der Lagerkarte für das Bauteil T1:

a)

Ergänzen Sie die Bestände auf der Lagerkarte:

Datum	Zugang	Abgang	Bestand
2. Jan.			600 (Übertrag)
30. Jan.	200		
12. Feb.		500	
8. März		100	
26. März	700		
27. April		300	
13. Mai	200		
22. Mai		500	
8. Juni	400		
28. Juni		500	
25. Juli	200		
11. Aug.		200	
4. Sept.	800		
8. Okt.		300	
12. Nov.		300	
5. Dez.		300	
Übertrag			

b) Berechnen Sie den durchschnittlichen Lagerbestand.

c) Berechnen Sie den Lagerumschlag.

d) Berechnen Sie die durchschnittliche Lagerdauer.

e) Berechnen Sie den Lagerzinssatz bei einem Marktzins von 9 %.

f) Berechnen Sie den Lagerzins, wenn der Einstandspreis pro Bauteil 15,00 € beträgt.

3. Fallsituation

Ein Hausgerätehersteller hat zwei benachbarte Werke. Im Werk 1 werden Waschmaschinen, im Werk 2 Spülmaschinen produziert. Die meisten Baugruppen und Bauteile werden von externen Lieferanten bezogen. Beide Werke verfügen über eine eigene Leitung und verfolgen unterschiedliche Beschaffungs- und Lagerhaltungsstrategien. Ein Benchmarking-Projekt, in dem Lagerhaltung und Bestandsmanagement der beiden Werke gegenübergestellt werden, liefert u. a. folgende Daten:

Kennzahlen:	**Werk 1**		**Werk 2**	
	A-Güter	**C-Güter**	**A-Güter**	**C-Güter**
Lagerumschlagshäufigkeit	8	12	62	36
Durchschnittlicher Wert der Lagerbestände	1,52 Mio. €	0,84 Mio. €	0,25 Mio. €	0,13 Mio. €
Lieferbereitschaftsgrad	92 %	75 %	95 %	98 %

Im Werk 1 werden die C-Teile (v. a. Schrauben…) bis jetzt in großen Mengen in einer ca. 200 Meter von der Montagelinie entfernten Lagerhalle zentral gelagert. Die Bestellungen erfolgen nach dem Bestellpunktverfahren, wobei aus Gründen der Versorgungssicherheit ein hoher Mindestbestand eingeplant wird und, um Transportkosten zu sparen, in sehr langen Zeitintervallen bestellt wird. Der besseren Übersicht halber ist für alle Lagerartikel ein fester Lagerplatz reserviert. A-Teile werden nach dem gleichen Prinzip disponiert und gelagert, wobei der Mindestbestand dort deutlich niedriger ist als bei den C-Gütern.

a) Interpretieren Sie die Kennzahlen der beiden Werke im Hinblick auf die Wirtschaftlichkeit der Lagerhaltung.

b) Schlagen Sie vier sinnvolle Maßnahmen vor, mithilfe derer Werk 1 die Wirtschaftlichkeit seiner Lagerhaltung verbessern könnte.

Lösungen

1. Wissensfragen

1.1 Lernfragen

1. Materialversorgung, Zeitausgleich, Mengenausgleich, Spekulationsfunktion

2. Produktionsausfall bei Lieferungsverzögerungen, da keine Sicherheitsbestände auf Lager liegen, hohe Transportkosten

3. Nach der örtlichen Stellung des Lagers, nach der Anordnung der Lagergüter

4. Festplatzsystem: Jedem Lagergut ist ein bestimmter Lagerplatz zugeordnet;
chaotisches Lager: Es gibt keine festen Plätze, die Lagerung der Güter erfolgt dort, wo gerade Platz ist.

5. Freier Lagerplatz bleibt ungenutzt. Die Lagerkapazität wird damit nicht optimal genutzt.

6. Gute Übersicht über die Bestände. Dadurch kann eine einfachere Lagerverwaltung und Lagerkontrolle erfolgen. Kosteneinsparung durch geringeren Personalaufwand. Durch bessere Raumausnutzung werden Raumkosten gespart.

7. Raumkosten, Personalkosten, Zinskosten, Abschreibungen, Versicherungskosten,...

8. Die Umschlagshäufigkeit sagt aus, wie oft der durchschnittliche Lagerbestand aus dem Lager entnommen wurde.

9. Durch einen höheren Verbrauch steigt die Umschlagshäufigkeit und damit sinkt die durchschnittliche Lagerdauer.

10. Um die Kosten zu senken, muss der durchschnittliche Lagerbestand verringert werden. Dies kann erfolgen durch eine Erhöhung des Verbrauchs (ist aber von der Materialwirtschaft nicht zu beeinflussen), durch den Einkauf geringerer Materialmengen, durch die Senkung des Mindestbestandes.

1.2 Lückentext

In der richtigen Reihenfolge:

Produktionsfähigkeit, Liefererausfälle, Materialversorgung, Sicherheitsbestand, Spekulationsfunktion, Mengen, Preisvorteile, Versandlager, Wirtschaftlichkeit, zentrale, Festplatzsystem, Freiplatzsystem, Lagerkapazität, EDV-System

1.3 Mehrfachauswahl

1. e, 2. b/c/e, 3. a/d, 4. e, 5. f, 6. d

1.4 Richtig oder falsch?

Aussage	Richtig oder falsch mit Begründung
1. Die Spekulationsfunktion der Lagerhaltung beschreibt die Aufgabe, Materialengpässe zu überbrücken.	**Falsch**. Die Spekulationsfunktion beschreibt die Ausnutzung von Preisvorteilen und kommt bei steigenden Preisen zum Tragen.
2. Fremdläger sind immer Nebenläger.	**Falsch**. Es handelt sich um verschiedene Unterscheidungskriterien. Fremdläger können auch Hauptläger sein.
3. Durch zentrale Läger werden Personalkosten gespart.	**Richtig**. Es wird i.d.R. weniger Personal benötigt, um ein Zentrallager zu führen.
4. Durch zentrale Läger werden Raumkosten reduziert.	**Richtig**. Die Kosten für ein größeres Lager sind geringer als für mehrere kleine Läger.
5. Das Festplatzsystem eignet sich besonders bei Lagergütern, die sehr unterschiedlich sind.	**Richtig**. Die Lagerplätze können speziell für die jeweiligen Güter eingerichtet werden (z. B. Größe).
6. Beim Festplatzsystem können freie Lagerplätze mit beliebigen Lagergütern belegt werden, wenn der Lagerplatz gerade ungenützt ist.	**Falsch**. Die Lagerplätze sind für bestimmte Lagergüter vorgesehen und können nicht von anderen Gütern belegt werden.
7. Eine sinkende Lagerdauer führt zu steigenden Lagerzinsen.	**Falsch**. Sinkende Lagerdauer ⇒ geringerer Lagerzinssatz ⇒ sinkende Lagerzinsen Die Erhöhung des durchschnittlichen Lagerbestandes führt zu steigenden Lagerzinsen.
8. Die Erhöhung des durchschnittlichen Lagerbestandes führt zu steigenden Lagerzinsen.	**Richtig**. Erhöhung des durchschnittlichen Lagerbestands ⇒ steigende Lagerdauer ⇒ steigender Lagerzinssatz ⇒ steigende Lagerzinsen
9. Eine steigende Lagerdauer führt zu einem steigenden Lagerumschlag.	**Falsch**. Steigende Lagerdauer ⇒ sinkender Lagerumschlag

1.5 Ergänzen Sie!

1. a) sinkt; b) sinkt; c) sinkt

2. a) steigt; b) sinkt; c) sinkt; d) sinkt

3. steigt

4. sinkt

5. sinkt

2. Rechenaufgaben

2.1

a)

Exemplarisch wird der Lösungsweg für die Materialgruppe A dargestellt; die Kennzahlen für die anderen Materialgruppen lassen sich analog ermitteln.

Es sind keine Monatsbestände angegeben, also gilt:

$$\text{Durchschnittlicher Lagerwert} = \frac{\text{AB + EB}}{2} = \frac{140\text{ T€} + 160\text{ T€}}{2} = 150\text{ T€}$$

$$\text{Umschlagshäufigkeit} = \frac{\text{Jahresverbrauch}}{\text{Durchschnittlicher Lagerwert}} = \frac{600\text{ T€}}{150\text{ T€}} = 4$$

$$\text{Durchschnittliche Lagerdauer} = \frac{360\text{ Tage}}{\text{Umschlagshäufigkeit}} = \frac{360\text{ Tage}}{4} = 90\text{ Tage}$$

$$\text{Lagerzinssatz} = \frac{\text{Marktzins} \cdot \text{durchschnittliche Lagerdauer}}{360} = \frac{7\,\% \cdot 90}{360} = 1{,}75\,\%$$

$$\text{Lagerzins} = \frac{\text{Durchschnittlicher Lagerwert} \cdot \text{Lagerzinssatz}}{100} = \frac{150\text{ T€} \cdot 1{,}75}{100} = 2.625\text{ €}$$

Materialgruppe	A	B	C	D	E
Durchschnittlicher Lagerwert	150.000,00 €	70.000,00 €	120.000,00 €	95.000,00 €	35.000,00 €
Umschlagshäufigkeit	4	9	7,5	12	6
Durchschnittliche Lagerdauer	90 Tage	40 Tage	48 Tage	30 Tage	60 Tage
Lagerzinssatz bei 7 % Jahreszinssatz	1,75 %	0,78 %	0,93 %	0,58 %	1,17 %
Lagerzins	2.625,00 €	546,00 €	1.116,00 €	551,00 €	409,50 €

b)

Die Lagerkosten von 39.950,00 € beziehen sich auf das gesamte Lager. Diese Lagerkosten müssen also zum gesamten durchschnittlichen Lagerwert in Relation gesetzt werden.

Zunächst ist also der durchschnittliche Lagerwert des gesamten Lagers zu berechen:

150.000,00 € + 70.000,00 € + 120.000,00 € + 95.000,00 € + 35.000,00 € = 470.000,00 €

Der gesuchte Lagerkostensatz sagt aus, wie viel Prozent die Lagerkosten in Relation zum durchschnittlichen Lagerwert betragen. Er wird wie folgt berechnet:

$$\frac{39.950{,}00\text{ €} \cdot 100}{470.000{,}00\text{ €}} = 8{,}5\,\%$$

2.2

a)

Datum	Zugang	Abgang	Bestand
2. Jan.			600 (Übertrag)
30. Jan.	200		**800**
12. Feb.		500	**300**
8. März		100	**200**
26. März	700		**900**
27. April		300	**600**
13. Mai	200		**800**
22. Mai		500	**300**
8. Juni	400		**700**
28. Juni		500	**200**
25. Juli	200		**400**
11. Aug.		200	**200**
4. Sept.	800		**1.000**
8. Okt.		300	**700**
12. Nov.		300	**400**
5. Dez.		300	**100**
Übertrag			**100**

b)

Die einfache Formel (AB+EB)/2 liefert folgendes Ergebnis: (600 + 100) / 2 = 350 Stück

Dieses Ergebnis ist jedoch zu ungenau. Da einzelne Monatsbestände angegeben sind, verwenden wir die genauere Formel:

AB + 12 Monatsendbestände / 13
= (600 + 800 + 300 + 900 + 600 + 300 + 200 + 400 + 200 + 1000 + 700 + 400 + 100) / 13
= **500 Stück**

Auch wenn innerhalb eines Monats mehrere Bestände gegeben sind, nehmen Sie nur den Monatsendbestand. Wenn Sie zusätzliche Bestände einbeziehen, stimmt der Teiler 13 nicht mehr.

Wenn sich in einem Monat keine Bestandsveränderung ergibt, erscheint er auch nicht auf der Lagerkarte. Der unveränderte Bestand des Vormonats muss jedoch auch für diesen Monat berücksichtigt werden, da das Gut ja auch in diesem Monat noch auf Lager liegt.

c)

Die Summe aller Abgänge stellt den Jahresverbrauch dar (= 3.000 Stück). Es ergibt sich folgende Umschlagshäufigkeit: 3.000 : 500 = **6**

d)

Durchschnittliche Lagerdauer = 360 : 6 = **60 Tage**

e)

Lagerzinssatz = 9 · 60 : 360 = **1,5 %**

f)

Die Lagerzinsen werden vom durchschnittlichen Lagerwert berechnet:
500 · 15,00 · 1,5 : 100 = **112,50** € (für 60 Tage)

3. Fallsituation

a)

D

Werk 2 weist trotz deutlich geringerer Bestände eine höhere Versorgungssicherheit auf. Werk 1 kann insbesondere bei den C-Gütern, trotz höherer Bestände nur eine geringere Lieferbereitschaft erzielen, d. h. die Gefahr von Produktionsstörungen aufgrund fehlender Kleinteile ist dort höher. Die Lagerumschlagshäufigkeit ist im Werk 2 sowohl bei A- als auch bei C-Gütern um ein Vielfaches höher, d. h. die Lagerdauer deutlich kürzer, was sich in einer geringeren Kapitalbindung sowie geringeren Lagerzinsen und Lagerkosten niederschlagen dürfte.

b)

B, C, E

Mögliche Maßnahmen:

- Einführung des Just-in-Time-Prinzips bei A-Gütern (anstatt Bestellpunktverfahren):
  Dadurch werden Lagerbestände vermieden, allerdings können Lieferverzögerungen sehr leicht Versorgungsengpässe auslösen, da kein Puffwerbestand vorhanden ist.
- Kanban-System bei C-Gütern (anstatt zentrales Vorratslager):
  Die Kleinteile-Behälter befinden sich in unmittelbarer Nähe der Montagearbeitsplätze, was einen schnellen Zugriff ermöglicht. Das 2-Behälter-Prinzip gewährleistet, dass einerseits keine unnötig hohen Bestände aufgebaut werden, andererseits ist der kurzfristige Bedarf gesichert.
- Konsignationslager (anstatt Eigenlagerung):
  Dadurch können die Bestände des Werks gesenkt werden, da die Teile bis zur Entnahme Eigentum des Lieferers bleiben (evtl. Kombination mit Kanban-Prinzip).
- Freiplatzsystem (statt Festplatzsystem):
  Dadurch werden die Lagerkapazitäten effizienter ausgenutzt.

Wissen, was man in der Prüfung wissen muss!

Bei der Vorbereitung auf die Abschlussprüfung stehen die zukünftigen Industriekaufleute vor einer großen Stoffmenge. Und damit auch vor der Frage, was davon für die Prüfung wirklich relevant ist. Diese Bücher geben die Antwort!

Prüfungsklassiker Industrielle Geschäftsprozesse für Industriekaufleute
Beck | Wachtler
4. Auflage · 2020 · Broschur · 173 Seiten · € 19,90
ISBN 978-3-470-**64364**-9
@ Online-Buch inklusive

Prüfungsklassiker Kaufmännische Steuerung und Kontrolle für Industriekaufleute
Strasser | Clemenz
4. Auflage · 2020 · Broschur · 217 Seiten · € 19,90
ISBN 978-3-470-**64374**-8
@ Online-Buch inklusive

Prüfungsklassiker Wirtschafts- und Sozialkunde für Industriekaufleute
Beck | Dippold | Wachtler
4. Auflage · 2020 · Broschur · 255 Seiten · € 22,-
ISBN 978-3-470-**64384**-7
@ Online-Buch inklusive

Inklusive kostenloser Online-Bücher in meinkiehl

Im Paket zum Sonderpreis:

Bücherpaket Prüfungsklassiker Industriekaufleute
mit den Bänden:
Industrielle Geschäftsprozesse,
Kaufmännische Steuerung und Kontrolle,
Wirtschafts- und Sozialkunde
2020 · ISBN 978-3-470-**62394**-8

€ 54,-

Kiehl ist eine Marke des NWB Verlags

Bestellen Sie bitte unter: www.kiehl.de oder per Fon 02323.141-900
Unsere Preise verstehen sich inkl. MwSt.

Bestellen Sie diese Bücher versandkostenfrei unter www.kiehl.de